# 零基础学做
## 主食小吃

主　编　陈志田

U0208531

江西科学技术出版社

## 图书在版编目（CIP）数据

零基础学做主食小吃 / 陈志田主编. -- 南昌：江西科学技术出版社，2014.1（2020.8重印）

ISBN 978-7-5390-4889-5

Ⅰ.①零… Ⅱ.①陈… Ⅲ.①主食－食谱 Ⅳ.①TS972.13

中国版本图书馆CIP数据核字(2013)第283177号

国际互联网（Internet）地址：

http：//www.jxkjcbs.com

选题序号：ZK2013148

图书代码：D13059-102

## 零基础学做主食小吃

陈志田　主编

LINGJICHU XUEZUO ZHUSHI XIAOCHI

| | | |
|---|---|---|
| 出　　版 | 江西科学技术出版社 | |
| 社　　址 | 南昌市蓼洲街2号附1号 | |
| | 邮编：330009　电话：（0791）86623491　86639342（传真） | |
| 印　　刷 | 永清县晔盛亚胶印有限公司 | |
| 项目统筹 | 陈小华 | |
| 责任印务 | 夏至寰 | |
| 设　　计 | 松雪图文 SONGXUE TUWEN　王进 | |
| 经　　销 | 各地新华书店 | |
| 开　　本 | 787mm×1092mm　1/16 | |
| 字　　数 | 250千字 | |
| 印　　张 | 16 | |
| 版　　次 | 2014年1月第1版　2020年8月第2次印刷 | |
| 书　　号 | ISBN 978-7-5390-4889-5 | |
| 定　　价 | 49.00元 | |

赣版权登字号-03-2013-184

# 目 录
## CONTENTS

Part.1 新手学做主食小吃第一步
——会用工具、认得材料

## 会用工具

## 认得材料

# Part.2 新手学做主食小吃第二步
## ——和面、制馅、成型

# Part.3 新手做主食，
## 火候、技巧要牢记

# Part.4 炒饭、拌饭、盖浇饭，
### 新手一样做得精彩

# Part 5 营养健康粥，一学就会

## 水产海鲜粥

## 坚果杂粮粥

## Part.6　中西各式名小吃，
### 其实没您想的那么难

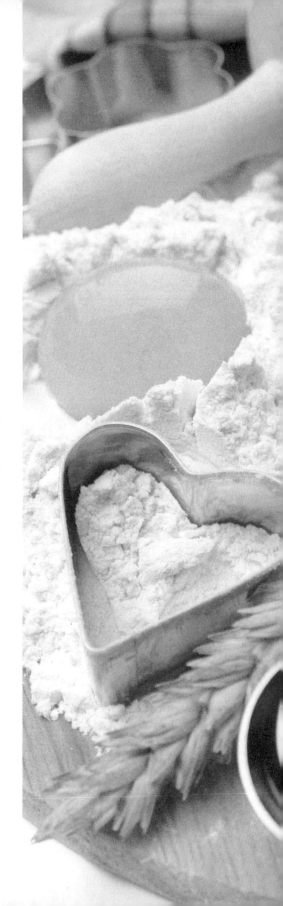

## Part 1

# 新手学做主食小吃第一步——会用工具、认得材料

平日里看上去色香味俱全的主食小吃，在制作的过程中除了要有熟练的手上功夫之外，各种制作的工具也是十分重要的。除了厨房中的一些常用工具外，在制作主食小吃时我们还需要一些基础工具，比如秤、温度计、量杯等。本章将为您介绍家庭制作主食小吃的常用工具，让您在制作的时候做到游刃有余。

**擀面杖：** 中国古老的一种用来压制面条、面皮的工具，多为木制，以香椿木为上品。擀面杖有很多种，河南用的是两头尖尖的，山东用的是两头和中间一样粗细的；还有"走槌"，中间是空的，外面加上一根轴。通常，长而大的擀面杖用来擀面条，短而小的擀面杖用来擀饺子皮、烧卖皮。

**刮板：** 刮板又称面铲板，是制作面团后刮净盆子或面板上剩余面团的工具，也可以用来切割面团及修整面团的四边。刮板有塑料、不锈钢、木制等多种，其中不锈钢刮板因其结实、美观、耐用的特点而受到大众的喜爱。

**秤：** 秤是一种用来测量质量的仪器。根据所秤物体不同，秤的种类十分繁多，例如台秤、案秤，还有杆秤、弹簧秤。居家厨房所用的一般是电子厨房秤和烘焙秤，可以用来称量面粉的重量、所需的油量及计算热量等。这些秤使用电池，称量数据精准。

**温度计：** 温度计是一种用来测量温度的仪器。测量固体、液体和气体所用的温度计是不同的，有水银温度计、煤油温度计、气体温度计等。厨房所用的是食品温度计，一般用针式探头针测量馅饼、肉类、面粉等薄质食品的温度。

**量匙：** 量匙通常是金属或者不锈钢材料的，是圆状或椭圆状带有小柄的一种浅勺，主要用来盛液体或者细碎的物体。比如，厨房里用量匙取幼糖、酵母粉等。

**计时器：** 计时器是一种用来计算时间的仪器。计时器的种类非常多，一般厨房计时器都是用来观察制定烘焙时间的，以免时间不够，或者烘焙、蒸煮超时等。

**量杯：** 一般，量杯的杯壁上都有容量标示，可以用来量取材料，如水、奶油等，有大小尺寸可供选择。但是要注意读数时的刻度，而且不能把量杯作为反应容器。此外，量取时要恰当地选择合适的量程。

**面粉筛：**面粉筛一般都是不锈钢制成的，是用来过滤面粉的工具。面粉筛底部都是漏网状的，做蛋糕或饼类时会用到，可以过滤掉面粉中含有的其他杂质，使得做出来的蛋糕更加膨松，口感更好。

**分蛋器：**分蛋器也叫蛋清分离器，有用塑料制造的，也有外面是不锈钢的，主要是有一层鸡蛋分离槽镂空设计。它的主要作用是将蛋清和蛋黄分离。因为制造蛋糕时有时需要将鸡蛋液加入面粉里，且不能将蛋清、蛋黄混在一起，所以就需要用分蛋器处理。

**打蛋器：**打蛋器一般是不锈钢做成的，主要是将鸡蛋的蛋清和蛋黄充分打散融合成蛋液，有的时候还需要单独将蛋黄和蛋清打到起泡。打蛋器的作用是能够使鸡蛋被搅拌得更加快速、均匀，效果更佳。

**搅拌器：**厨房使用的搅拌器主要是用来将鸡蛋的蛋清和蛋黄充分打散融合成蛋液或者将面团和其他原材料均匀搅拌混合的一种工具。使用搅拌器可以使搅拌的工作更加快速，材料搅拌得更加均匀，在使用过程中要注意保持机器的平稳。

**搅面棍：**搅面棍是一种用来搅拌面粉、蛋糕粉的棍子，在制作蛋糕、面包、饼干等过程中用搅面棍来搅拌面团，可以使面粉更加柔和、均匀。搅面棍一般表面光滑，容易清洁，是厨房常需用具。

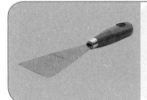

**刮刀：**厨房所用刮刀有多种材质制成，包括不锈钢、ABS树脂等，手感光滑，使用方便。刮刀的手柄还可以用来轻松打开罐装食品的盖子，有起盖器的作用。一般食品的刮刀主要在刮取罐装食品里面的食物及制作烘焙糕点时使用。

**削面刀：**削面刀是一种特制的弧形削刀，用这种刀削出的面叶中间厚两边薄，形似柳叶。使用削面刀要求和的面要硬一些，削面之前用刀蘸点油，这样面才会有劲道、更好吃。使用时，左手托面稍微向下倾斜，右手持刀反复向下匀速地削就可以了，操作起来非常简单。

**奶油抹刀**：奶油抹刀一般用于蛋糕裱花的时候涂抹奶油或者抹平奶油，或者在食物脱模的时候用来分离食物和模具。当然，其他各种需要刮平和抹平的地方都可以使用奶油抹刀。奶油抹刀的刀身一般有直形的，也有瓜子型的，容易清洗，不沾污垢。

**齿形面包刀**：齿形面包刀形如普通厨具小刀，但是刀面带有齿锯，一般适合切面包，也有人用来切蛋糕。

**轮刀**：轮刀的用途是切芝士、比萨、蛋糕和其他糕点。其颜色丰富多彩，有红色、黄色、绿色、白色等，形状不规则，有手柄设计，顶部是圆形加刀片，制作材质是食品级塑料。

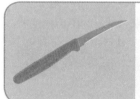

**雕刻刀**：烘焙用的雕刻刀一般有石材制的和不锈钢的，用于翻糖蛋糕、巧克力的雕刻等，握柄设计，使用方便，可耐高温高热。

**蛋糕脱模刀**：蛋糕脱模刀是用来分离蛋糕和蛋糕模具的小刀，长约20～30厘米，一般有塑料或者不锈钢的，不伤模具。在蛋糕烤完放凉了以后，用蛋糕脱模刀紧贴蛋糕模壁轻轻地划一圈，倒扣蛋糕模即可分离蛋糕与蛋糕模。

**蒸笼**：制作中式点心及蒸菜时要用到蒸笼。蒸笼的大小随家庭的需要而定，有竹编的、木制的、铝制的及不锈钢制的等。使用的时候，将底锅或垫锅先盛半锅水烧开，再将装有点心的蒸笼放入，用大火蒸。中途如果需要加水，应加热水，以免影响菜肴的品质。

**烤箱**：在家庭中使用时，烤箱一般用来烤制饼干、点心和面包等食物。它是一种密封的电器，同时也具备烘干的作用。通过烤箱做出来的食物香气扑鼻、口感松脆。烤箱分为台式烤箱和嵌入式烤箱两种。

**烘焙油纸：** 烘焙油纸用于烤箱内烘烤食物时垫在底部，防止食物粘在模具上导致清洗困难。做饼干或者蒸馒头时都可以把它置于底部，能保证食品干净卫生。此外，垫盘、隔油都可以用。其特性是防油、防粘、防水、耐高温。

**保鲜膜：** 保鲜膜是人们用来保鲜食物的一种塑料包装制品，比如可以在冰箱内用来保鲜切好后的水果、蔬菜以及其他各种食物。它容易与玻璃瓷和不锈钢食具等黏合，是现在家庭里离不开的一种保鲜工具。

**锡纸：** 当食品需要烘烤时，用锡纸包装可以防止烧焦，还能防止水分流失，保留鲜味。有些时候，也可以使用锡纸吸油，效果很好。使用微波炉、烤箱等厨房用具烘焙、烤食物时都可以使用锡纸。要注意的是，使用锡纸在微波炉内烤食物时建议调至烧烤档。

**硅胶垫：** 硅胶垫一般都是用食品级硅胶制成的，经高温处理过，有长方形、正方形、圆形等。硅胶垫规格不一。在做吐司、面包和比萨时，使用硅胶垫十分方便好用。它的特点是具备吸附性，不会轻易滑动，而且无异味，对人体无害。

**蛋糕转盘：** 在制作蛋糕后用抹刀涂抹蛋糕坯时，蛋糕转盘可供我们边涂边抹边转动，是节省时间的转盘。一般都为铝合金材质，直径大约为30厘米。

**糕壳：** 糕壳是用来制作蛋糕或者面包、蛋挞、布丁等的小模具，一般是铝制的或者是不锈钢制的。按图形分，有菊花模、椭圆形模等。

**方形烤盘：** 顾名思义，方形烤盘一般是长方形的，钢制或铁制都有，可以用来烤蛋糕卷、做方形蛋糕等，也有人用它来做苏打饼和方形比萨，以及其他饼干类。

**比萨盘**：比萨盘尺寸大小不一，分别有6寸、7寸、8寸、9寸和10寸等。材质则有铝合金制和铁制等。一般先用高筋面粉、酵母、黄油、比萨酱、奶酪和培根等制好原料放进比萨盘，再将其放进烤箱里烤制，不久就可以尝到自家新鲜出炉的比萨了。

**日式戚风模**：日式戚风模是做日式戚风蛋糕所必备的用具，一般为铝合金制，圆筒形状，多有磨砂感，用来制作蛋糕时只需将日式戚风蛋糕的蛋糕液倒入模具中，然后烘烤即可。

**松饼模具**：松饼模具是在里面放了烘焙纸后再进行面团烘焙的模具。根据做一般松饼、大松饼、迷你松饼的需求，有不同的尺寸可供选择。

**玛德琳模具**：玛德琳模具是专门用来烘焙小巧又可爱的法式糕点的贝壳形模具。因为每个玛德琳的用面量很少，所以一张板模可以同时烤很多个，使用起来非常方便。

**磅蛋糕模具**：磅蛋糕模具是用来烤磅蛋糕的专用模具。只有既有深度又有长度的模具，才能烤出鼓而厚实的磅蛋糕。

**曲奇模具**：在擀好曲奇面团后，用造型模具盖出模样再进行烘焙，既漂亮又可爱。用来送人的时候，选择喜欢的模样进行烘焙，再在表面做一层糖衣，就与高级糕饼店中卖的曲奇没什么两样了。

**甜甜圈印模**：甜甜圈印模为杯状，圆形较多，分内圈和外圈。把面包和面团擀好以后，将甜甜圈模用力压下，就有了圆圈状的面团，经过发酵和油炸以后，就成了可口美味的甜甜圈了。

**花形蛋糕模：** 花形蛋糕模为铝制品，特点是受热均匀，导热快。其种类十分繁多，有玫瑰花花形蛋糕模、八瓣花花形蛋糕模、六连花花形蛋糕模，也有圆底花形蛋糕模。使用蛋糕模制作蛋糕后要注意清洁干净。

**苏芙里杯：** 苏芙里杯指的是可直接放到烤箱中使用的小的烤箱用陶瓷杯，可以用来烤一人份的蛋糕、磅蛋糕、芝士蛋糕。即使只剩一点点面团，也可以放到苏芙里杯中烘焙。所以，它是很有用的模具。

**羊毛刷：** 羊毛刷是用来制作主食的用具，尺寸多样化，有1寸、1寸半、2寸甚至到5寸都有。它能够用来在面皮表面刷上一层油脂，也能够用于在制好的蛋糕或者点心上刷上一层蛋液。

**果挖：** 果挖，又名"挖球器"。它小巧易用，能够让我们轻易地把食材等挖成球状，一般都有手柄设计，两端都有一个半圆状的小勺子。因为两个小勺子的直径不一，所以挖出来的圆球也规格不一。

**菊花挞模：** 菊花挞模，是指呈菊花状的蛋挞模，用来制作蛋挞时候使用，有纯硅胶制、铝合金制、碳钢制等。一般使用铝制较多。用菊花挞模做出来的蛋挞呈圆形。菊花挞模也可以用来做小蛋糕和小布丁，深受小朋友的喜爱。

**硅胶模：** 硅胶模是指由硅胶材质制造而成的、用来做蛋糕、果冻、慕斯、饼干或者蛋挞的小模具。使用方便、轻盈是其特点。可以置于烤箱烘焙或者放置在冰箱冷冻。

**布丁模：** 布丁模是一种杯状模具，一般由陶瓷、玻璃制成，形状各异，可以用来DIY酸奶、布丁等多种小点心，小巧耐看，耐高温。可用白醋和清水清洗。

认得材料 ▶

**高筋面粉：**高筋面粉的蛋白质含量在12.5%～13.5%，色泽偏黄，颗粒较粗，不容易结块，比较容易产生筋性，较适合用来做面包、松饼（千层酥）、奶油空心饼（泡芙）、水果蛋糕以及部分酥皮类起酥点心，比如丹麦酥。

**中筋面粉：**中筋面粉即普通面粉，蛋白质含量为8.5%～12.5%，颜色乳白，介于高、低筋面粉之间，体质半松散，多用在中式点心制作上，如包子、馒头、饺子等。

**低筋面粉：**低筋面粉的蛋白质含量在8.5%以下，色泽偏白，颗粒较细，容易结块，适合制作蛋糕、饼干等。如果没有低筋面粉，可以按75克中筋面粉配25克玉米淀粉的比例自行配制双色低筋面粉。

**澄粉：**又有人称之为澄面、小麦淀粉，属于无筋的面粉，主要成分包括薯类以及淀粉。可以用来制作点心，例如潮州粉果等。

**糯米粉：**一般是由糯米浸泡成水后再加以磨打使之成为浆液状，然后经过过滤以后，晾干再晒成粉状物质。一般，在商场里面就能买到。人们常常用它做汤圆，也可用它做美味糯米饼。

**玉米粉：**玉米粉是指用玉米磨成的面粉，作为主食之一，玉米粉的营养十分丰富。一般常见的玉米粉颜色金黄，口感顺滑、筋道，并且带有淡淡的玉米清香。用玉米粉制成的玉米面可在保留玉米营养成分的基础上改善粗粮面食口感不好和不易消化的特点。

**苏打粉：**苏打粉，俗称为"小苏打"，又称"食粉"。在香港，人们一般把它写作"梳打粉"。在做面食、馒头、烘焙食物时，经常会用到苏打粉，比如做"苏打饼干"等，它有一种使食物膨化、吃起来更加松软可口的作用。适量地食用苏打粉，可起到中和胃酸的作用。

**泡打粉：** 泡打粉作为膨松剂，一般是由碱性材料配合其他酸性材料并以淀粉作为填充剂组成的白色粉末。它在遇到热水的情况下可以快速起发，发生反应，人们常常用它来制作西式点心、蛋糕等等。

**酵母：** 酵母是一种微小的单细胞生物，能够把糖发酵成酒精和二氧化碳，属于一种比较天然的发酵剂，不会引入未知的可能致病的杂菌，而且能够使得做出来的包子、馒头等味道纯正、浓厚。

**奶粉：** 奶粉是以新鲜牛奶为原料，用冷冻或加热的方法，除去乳中几乎全部的水分，干燥后添加适量白砂糖加工而成的食品。选购时，应注意开罐或开袋后奶粉是否有结块或异味。如果有结块或异味，则有可能是变质产品。

**肉桂粉：** 肉桂粉是由生长在印度、斯里兰卡一带的肉桂的干皮或枝皮加工成的粉末。其最大的作用是能够活血通经，多用于蛋糕、面包的烘焙上，气味芳香。

**绿茶粉：** 绿茶粉是指在最大限度地保持茶叶原有营养成分的前提下，用绿茶茶叶粉碎成的绿茶茶末。它不仅可以直接饮用，还能用来制作蛋糕、绿茶饼、绿茶布丁、绿茶味汤圆等，气味清新，入口香爽而又健康有营养。

**蜂蜜：** 蜂蜜，简而言之，即蜜蜂酿制成的蜜。主要成分有葡萄糖、果糖、氨基酸，还有各种维生素和矿物质元素。蜂蜜作为一种天然健康的食品，愈来愈多地受到人们喜爱。蜂蜜水有排毒美颜的作用，女性、老人和小孩都适宜饮用，但切忌将蜂蜜与通菜一起食用。

**芝麻：** 芝麻为胡麻科植物芝麻的种子，又叫胡麻、油麻。主要有黑芝麻、白芝麻两种。古代养生学家陶弘景对芝麻的评价是"八谷之中，唯此为良"。以色泽均匀、饱满、干燥、气味香者为佳，而表面潮湿、油腻者为次品。

**大米：** 大米中75%的成分是碳水化合物，7%～8%是蛋白质，1.3%～1.8%是脂肪，并含有丰富的B族维生素等，且消化率是66.8%～83.1%。因此，大米有较高的营养价值。用大米做成的主食主要有米饭、粥、米粉等。

**小米：** 小米属五谷杂粮，古代把小米称为粟，是脱壳制成的粮食，颗粒较小，品种繁多，有黑、白、红、黄、橙各种颜色。现在人们用小米做成养生粥，如小米红枣粥、小米燕窝粥等，是营养饮食的健康之选。

**薏米：** 薏米性微寒，味甘甜，子实卵形，白色或者灰白色，多种于大山。人们习惯在夏天将薏米作为消暑佳品，如薏米木瓜汤，营养价值极高，能止渴、消暑、解毒，是生命健康之友。薏米可煮粥、煮汤、制酒。

**黑米：** 黑米属于糯米的一类，粒型有籼和粳两种，质地分为带糯性和不带糯性，食用价值高且具备药用价值，对治疗头晕、目眩、贫血等有显著功效。黑米可以用来煮粥、做黑米糕等。

**荞麦：** 荞麦是一种带壳双子叶植物，去掉硬壳以后可以磨面食用。荞麦中含有丰富的淀粉，还能有效地治疗视网膜出血以及肺出血，对治疗老年人高血压和止血也有一定的成效。在食用方面，麻酱荞麦凉面是一种常见的主食。

**燕麦：** 燕麦中所含的蛋白质、脂肪、热量、淀粉以及B族维生素和维生素E都是其他的粮食中较高的。由燕麦去壳制成的燕麦片是一种常见的保健食品，经过速食处理可再煮食或者冲食，是一种时尚健康的食品。

**大麦：** 大麦是因为它的麦粒比起小麦来显得大，麦芒也比小麦长，所以被称为大麦。还有一类有黏性的大麦，叫作糯米麦。最原始的大麦产于青藏高原。由大麦制成的大麦茶和啤酒是比较常见的大麦食品。

**红豆**：深红色，颗粒状，一般超市有售，用红豆制作红豆粥、红豆糖水者较多。红豆有润肤养颜的作用，所以尤为女性朋友喜爱，用它制成八宝粥或者杂粮粥之后，味道和口感更好。

**黄豆**：黄豆的产地遍布全中国，其外形呈黄色颗粒状，营养价值非常丰富，被誉为"豆中之王"，多用来制成豆浆，有美容养颜之效，是一种高蛋白质饮品。除此之外，黄豆还可以用来制作成豆腐、豆花，或直接用来煎炒、煮汤。

**黑豆**：黑豆，又名乌豆，是许多家庭必备的健康豆类。黑豆味甘，性平，颗粒大而饱满。优质黑豆色泽鲜亮，呈椭圆形，微扁，含高蛋白质、低热量，所以适合减肥人士食用。黑豆可制成黑豆奶，还可以煮制黑豆排骨汤、黑豆鸡爪汤。

**绿豆**：绿豆颜色青绿，圆状微扁，质地坚硬而有光泽，对病毒有抑制作用，是盛夏的消暑解热食品。尤其是用它制成的绿豆汤，既能清暑益气，又能补水解渴。

**白果**：白果是银杏树的果实，原产我国。其树结果年限较长，有"公植树而孙得食"的说法，因此，也称"公孙树"。每年寒露时节采摘。果肉不食，核仁入药，具有杀菌、化痰、止咳、补肺、通经、利便之功效。

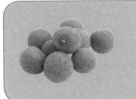

**桂圆**：早在西汉时，我国南方就有桂圆。鲜桂圆剥开外壳即见半透明的果肉，浆汁饱满，甘甜如蜜，又名蜜脾、龙眼。购买桂圆时，要选择果肉透明但汁液不溢出、肉质结实的果实。

**核桃**：核桃亦称胡桃，相传张骞出使西域时带回，多为北方栽种。核坚硬，表面有凹凸，仁多油，营养丰富，供生食和加工食品用。核桃以大而饱满、色泽黄白、油脂丰富、无油臭味且味道清香的为佳。

**花生**：花生是一年生草本植物，又名落花生、果仁、长寿果、及地果、长生果，起源于南美洲热带、亚热带地区。花生以粒圆饱满、无霉蛀的为佳，干瘪的为次品。适宜低温、干燥处保存。

**板栗**：板栗作为粮食的代用品迄今已有2000多年的历史。选购板栗时以颗粒饱满、色泽深褐自然、无霉变、无虫害的为佳。发霉的板栗吃了会引起中毒，因此切记不要吃变质的板栗。

**莲子**：莲子是常见的滋补之品，有很好的滋补作用。古人认为经常服食莲子，百病可祛。莲子"享清芳之气，得稼穑之味，乃脾之果也"。优质莲子外观上有一点自然的皱皮或残留的红皮，劣质莲子刀痕处有膨胀。

**松子**：松子按产地分为东北松子、西南松子、西北松子。东北松子主要产于黑龙江和吉林，颗粒大而饱满，品质最好；西南松子产于云南，颗粒中等；西北松子主要产于陕西、山西、甘肃，颗粒较小。

**枸杞子**：枸杞子原产于宁夏，味甘、性平，素有补肝益肾之功效。它能够有效地调节人体免疫功能，提升人的抵抗力以及促进细胞造血功能等。女性朋友经常用枸杞子泡水喝有利于益气养血、润肺。

**杏仁**：杏仁为蔷薇科植物杏的种子，分为甜杏仁和苦杏仁。选购时，以色泽棕黄、颗粒均匀、无臭味者为佳，青色、表面有干涩皱纹的为次品。

**腰果**：腰果是世界四大干果之一。其肉松软多汁，有麝香味，较甜美，可以当水果吃，营养丰富，还可当作果仁糖、点心、蜜饯或炸果仁、盐渍果仁等的原料。腰果以月牙形、色泽白、饱满、气味香、无虫蛀、无斑点的为佳。

**红枣：**红枣，又名大枣，自古以来就被列为"五果"之一，历史悠久。民间有"一日吃十枣，医生不用找""一天吃三枣，终身不显老"之说。选购时，要注意选择那些颜色红润、无虫蛀的新鲜红枣。

**葡萄干：**葡萄干是由葡萄加工而成的，因为葡萄干中含有丰富的铁和钙，所以一直被当作滋补佳品，能辅助治疗与贫血和血小板减少相关的疾病。葡萄干味道鲜甜，不仅可以直接食用，还可以放在糕点中加工成食品供人品尝。葡萄干以吐鲁番产的最为著名。

**鸡蛋：**鸡蛋是一种全球性普及的食品，营养丰富，用途广泛，含有高质量的蛋白质，常被用作度量其他蛋白质的标准。鸡蛋是日常生活中营养价值最高的天然食品之一。鸡蛋最好在冰箱内保存，把鸡蛋的大头朝上，小头朝下放，这样可以延长鸡蛋的保存时间。

**黄油：**黄油又叫乳脂、白脱油，是将牛奶中的稀奶油和脱脂乳分离后，使稀奶油成熟并经搅拌而成的。黄油一般应该置于冰箱内存放。

**奶油（奶酪、芝士）：**奶油，是将牛奶中的脂肪成分经过浓缩而得到的半固体产品，色白微黄，奶香浓郁，脂肪含量较黄油低，可用来涂抹面包和馒头或制作蛋糕和糖果。优质奶油大都具有纯正的奶香味，细腻柔滑，色泽均匀，无异味。

**细砂糖：**细砂糖是经过提取和加工以后结晶颗粒较小的糖。适当食用细砂糖有利于提高机体对钙的吸收，但不宜食用过多，尤其是糖尿病患者更要注意不吃或少吃。吃完后，应该及时漱口或刷牙，以防蛀牙。

**粗砂糖：**粗砂糖指的是没有经过精制的原糖，其特点是杂质多、水分大、颜色浅黄、纯度较低。古巴糖就是粗砂糖的一种。

**糖粉：**糖粉的外形一般都是洁白色的粉末状，颗粒极其细小，含有微量玉米粉，直接过滤以后的糖粉还可以用来制作西式的点心和蛋糕一类的食物。大致分为白砂糖粉和冰糖粉两种。

**红色糖：**红色糖种类较多，一般有红糖，还有红色方块糖以及红色冰糖等。俗称的"红糖"主要有补气益血的功效；红色方块糖则作为咖啡伴侣饮用；红色冰糖是由柑橘提炼而成的，对于治疗咳嗽、胃痛等有一定的作用。

**麦芽糖：**由含淀粉酶的麦芽作用于淀粉而制得，它属于碳水化合物的一种，也是中国的一种怀旧小吃。至今，中国依然保存有麦芽糖的制作方法，也有人把麦芽糖用于制作麦芽饼或者在面粉及其他材料中加入麦芽糖制成糕点。

**白巧克力：**白巧克力是一种由可可脂、糖、牛奶以及香料制成的、不含有可可粉的巧克力。但由于其含乳制品和糖粉较多，因此甜度更高。可用于制作西式甜点和蛋糕等。

**黑巧克力：**黑巧克力是由可可液块、可可脂、糖和香精制成的，主要原料是可可豆。适当食用黑巧克力能有效预防糖尿病、心血管疾病，并有润泽皮肤等多种功效。黑巧克力常用于制作蛋糕。

**果酱：**果酱，别名果子酱，是把水果、糖及酸度调节剂混合后，用超过100℃温度熬制而成的凝胶状物质。制好的果酱可以涂在面包、吐司或者饼干上，十分美味鲜甜，色彩诱人。

**花生酱：**花生酱是以花生作为原材料加工而成的果酱。一般用来制造花生酱的花生都是优质花生。花生酱分为甜花生酱和咸花生酱两种，色泽为浅米黄色，香气浓郁，口感饱满，可以用于早餐时涂在面包或吐司上食用。

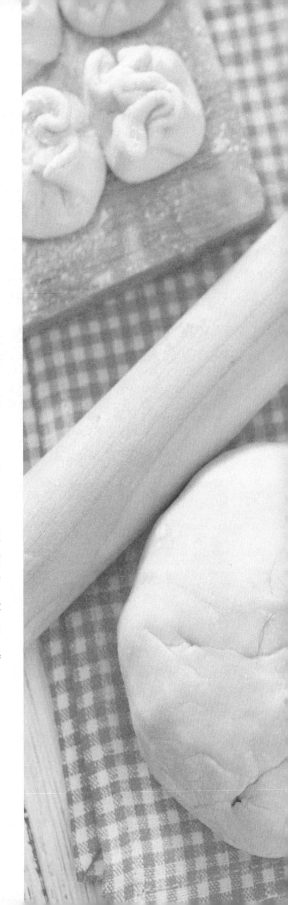

## Part 2

# 新手学做主食小吃第二步——和面、制馅、成型

　　面食是我们日常生活中接触得最多的一种主食，尤其是发酵后的面食富含多种维生素、矿物质素以及酶类，不仅营养价值较高、味道可口，而比较容易消化吸收，因此深受大家的喜爱。本章要从和面、制馅和成型三个方面介绍一些简单易做的主食，让学做主食的新手也能够很快上手，迅速做出具有独特魅力的主食。

**和面 ▶**

## 🍴 冷水面团

又称死面、凉水面，它的成品有筋性、爽口，色泽也较白，适合水煮类面食，如水饺，也适合煎、烙、炸制面食，如煎饺、春卷。制作冷水面的水温应低于30℃，因面粉中的淀粉未经糊化，所以面团较结实，可以用水来调整面团的软硬度。

●原料 中筋面粉300克，水120克，盐2克

把面粉过筛后在工作台上扒一凹窝。

将水、盐加入粉墙中。

用手指将粉与水混合成糊状。

将成为糊状的粉与水搓揉成光滑面团。

将光滑面团用保鲜膜覆盖住，静置约10分钟。

将面团制作成各种美味面食。

## 🍴 烫面团

烫面团是通过利用热水改变面粉中淀粉和蛋白质的特性来得到的不同性质的面团。用烫面团做成的成品筋性差，拉力及弹性差，但可塑性良好，产品不易变形，且略带甜味，质地柔软，适合做蒸饺、烧卖，或是煎、烙的葱油饼、烧饼等。

●原料 中筋面粉250克，80℃左右热水100克

把面粉过筛后在工作台上扒一凹窝。

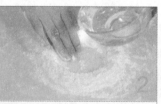

使用80℃左右的热水冲入面粉中。

快速搅拌使所有面粉皆接触到热水。

不停地搓揉面粉，使之均匀。

将成为糊状的粉与水搓揉成光滑面团。

将面团制成多种面食，如烧卖、蒸饺等。

## 温水面团

温水面团，又称热水面，特性介于冷水面与烫面之间，具有适当的弹性、可塑性及筋性，适合制作小笼汤包、蒸饺、烧卖，也适合制作葱油饼、烙饼、烧饼等。

●原料　中筋面粉500克左右，盐5克，70℃左右温水适量

把中筋面粉、盐放入锅内或盆内。

在锅中倒入70℃左右的温水。

一边缓缓倒入温水，一边不停地轻轻搅拌面粉。

用手将面粉搅拌均匀，直至成为面团。

将面团摊开，盖上一层保鲜膜，静置10分钟左右。

静置一段时间后的温水面团表面光滑，适宜做包子。

## 全烫面

和面时使用的水全是开水，和出的面团筋性差，可塑性好，成品具透明感，质地柔软，不易变形，适合制作蒸类食品，如虾饺、水晶饺等，不适合制作需炸、烤、煎、烙的食品。

●原料　中筋面粉500克，盐3克，100℃水适量

把中筋面粉、盐放入锅内或盆内。

在锅中缓缓加入100℃沸水。

一边加入沸水，一边搅拌。

放置到工作台上搓揉。

直至把它搓揉成面团。

全烫面团可以用来制虾饺、水晶饺等。

## 干酵母发酵面团

干酵母发酵面团一般由面粉和酵母粉做成，然后静置，待发好，可以用来做成馒头或者包子等各种主食，香甜可口。

● 原料 面粉300克，酵母粉1/2匙，水适量

把酵母放入碗里，加温水搅拌，直至溶解在水中。

把面粉置盆内，中间扒一个窝，加入适量清水。

在面粉中再加入原先溶解好的酵母水。

反复地搓揉，直到成为一个匀称的面团。

在面团的上面盖上湿布，静置1小时左右。

发好的面团会有一些均匀的小孔出现。

## 面肥发酵面团

面肥发酵面团，分为小发面、半发面和全发面三种。小发面，又称嫩发面，特点是有点发酵。半发面，又称抢发面，特性是发酵不很足，适合制作蒸类食品。全发面，即大发面，特性为发酵足，适合做烙、蒸食品。

● 原料 面粉300克，面肥适量，碱面1/2匙，水适量

把老面肥放入到盆里，加入适量温水，把它搅拌成稀糊状。

在面糊内加入面粉揉成酵面。

碱面放入碗中，加入适量清水调匀。

在案板上撒干粉，把酵面放在上面摊开，再加入碱液。

双手交叉把面团揉开，直到均匀即可。

盖上湿布静置，直到面团质地光滑有弹性即完成。

## 🍴 鸡蛋面团

鸡蛋面团，色泽呈金黄色，比起其他面团，富含鸡蛋的香味。制成成品需要鸡蛋、面粉、黄油以及热水等。可以用来制作小糖饼、空心饼等面点类食物。

●原料　鸡蛋2个，面粉70克，熟猪油50克，热水适量

把熟猪油及适量水放入锅里加热，使猪油溶化。

另起锅加水煮开，等水沸腾以后把面粉倒入。

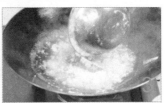

加入热好的熟猪油，然后不断地搅拌，使之成为均匀的面团。

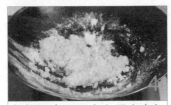

把锅再次置于火上用小火加热，打散面团，使之干燥。

面粉出锅冷却后，缓慢地向冷却好的面粉里加入鸡蛋。

用力揉打至面团柔软光亮后，就可用来制作鸡蛋面包等。

## 🍴 蛋泡面团

蛋泡面团和鸡蛋面团的不同之处是要将鸡蛋的蛋液打散，直至鸡蛋液起泡，这样烘烤加热以后做出来的面团成品才会膨松可口。

●原料　鸡蛋3个，面粉75克，盐、温水各适量

鸡蛋取蛋清放入碗中，搅打鸡蛋液。

在搅打好的蛋液中加入少许盐搅拌均匀。

在蛋液中加入过筛的面粉拌匀。

加入少许温水混拌均匀。

放到案板上，揉成光滑的面团。

将湿布盖在面团上即可。

##  蔬菜面团

蔬菜面团属于时尚健康类食品，材料绿色自然且富含营养，能够充分补充人体所需的维生素和能量等。

● 原料 蔬菜适量，面粉300克，盐、油、水和糖各适量

把蔬菜洗净，用搅拌机搅拌成黏稠状的蔬菜酱。

在搅拌好的蔬菜酱里加入盐、油和糖。

用搅拌器搅拌均匀。

在工作台上将面粉和水、蔬菜酱混合在一起搓揉成面团。

把面团用保鲜膜覆盖起来，静置大约10分钟。

发酵后的蔬菜面团可以做成各种面食，例如蔬菜面。

##  南瓜面团

南瓜中富含淀粉、蛋白质、胡萝卜素以及各种维生素，在崇尚健康饮食的今天，人们越来越多地喜欢用南瓜烹饪各种食品。其中，南瓜面团能够制成南瓜包、南瓜饼等可口健康的食物，备受人们青睐。

● 原料 南瓜适量，面粉300克，开水适量

将南瓜洗净去皮切块后蒸熟，直到南瓜变软。

向案板上的面粉中加入适量开水。

使面粉四周接触到水，然后在面粉中间扒窝。

把蒸熟的南瓜放在面粉扒开的窝中。

不停地搓揉面粉和南瓜，直到均匀。

把面粉揉成光滑的南瓜面团即可。

## 澄粉面团

澄粉面团，人们又叫它淀粉面团，就是将澄粉用沸水烫制而成的面团。澄粉面团做成的食物一般色泽晶莹剔透、味道可口，例如水晶饺、粉果、面包和点心等。

●原料 澄粉300克，沸水适量

把澄粉倒入容器内。

加入开水到盛有澄粉的容器内。

倒完开水后，用搅拌棍搅拌。

把澄粉倒在案板上搓揉均匀。

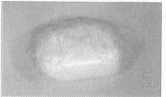

把澄粉搓揉成光滑面团后盖上保鲜膜静置。

冷却10分钟左右，用来制作水晶饺。

## 汤圆和面

汤圆和面是用糯米粉制成的糯米面团。糯米粉中含有蛋白质、脂肪、淀粉和糖类等，营养十分丰富，是一种温补的食品。用汤圆和面可以制成芝麻汤圆、花生汤圆以及香芋汤圆等。

●原料 糯米粉250克，温水115克

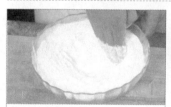

将250克糯米粉置于盆中，中间扒窝。

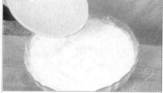

将115克温水掺入糯米粉中。

用手揉搓，对揉压匀。

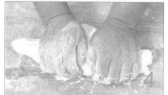

取出，在案板上揉至糯米粉光滑柔润。

将糯米粉团搓成条，用刀切成小剂子。

将小剂子揉成圆团，用手压扁，待包馅时用。

**素菜馅 ▶**

## 🍴 白菜香菇馅

● 原料 白菜半棵,香菇6朵,胡萝卜1个
● 调料 生姜1块,花椒7~8粒,花生油2汤匙,老抽、白糖、香油、盐、蘑菇精和五香粉各适量(以上材料为两个人的量,如果人多,可以适当增加原料)

白菜洗净,剁碎,用纱布包裹后挤水。

将水发好的香菇去掉硬梗后剁碎。

胡萝卜洗净,切成细丝,并且稍微挤一下水。

油锅内放入适量花生油,放入花椒、香菇等材料爆香。

生姜根据口味可多可少,洗净,去皮,剁碎待用。

将白菜、胡萝卜、香菇粒和姜末放在大容器内加调料搅拌。

## 🍴 菠菜冬笋馅

● 原料 菠菜400克,冬笋30克,熟火腿适量
● 调料 味精少许,盐、白糖、熟猪油和香油适量

菠菜洗净,放到煮开的水中略焯,捞出滤干水分后剁成碎末。

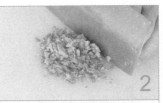

将熟火腿切碎成小颗粒状。

冬笋去皮,用清水洗净,滤掉水分后切成小颗粒状。

将菠菜碎末、火腿粒以及冬笋粒加入适量的盐搅拌均匀。

再加入白糖和味精调匀。

最后加入熟猪油和香油,搅拌均匀即可。

## 🍴 芝麻香芋馅

- 原料　香芋500克，芝麻30克
- 调料　熟猪油50克，盐和白糖适量

芝麻洗净，入锅炒熟。

香芋去皮洗净，切块，放入蒸锅内用旺火蒸熟，再凉凉。

将香芋放在案板上，按压成泥状。

将香芋泥放入热油锅中炒到吐油即可。

离火出锅，放入到容器内。

在香芋泥中加入芝麻和各种调味料，搅拌均匀即可。

## 🍴 马蹄 胡萝卜馅

- 原料　马蹄400克，胡萝卜1个
- 调料　盐、味精、熟猪油和香油各适量

马蹄去皮，洗干净，切成小颗粒状。

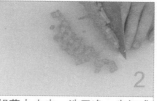

胡萝卜去皮，洗干净，先切成细条，再切成小粒。

把马蹄和胡萝卜先后放入煮开的水中稍焯一下，然后捞出。

将马蹄和胡萝卜放在容器内，搅拌均匀。

在马蹄和胡萝卜中加入味精搅拌均匀。

最后加入盐、熟猪油以及香油调匀即可。

肉馅 ▶

## 🍴 猪肉芹菜馅

● 原料　五花肉蓉500克，芹菜2棵，水适量
● 调料　葱末25克，姜末15克，酱油2匙，盐、味精和香油各适量

将五花肉蓉放入碗中，加入酱油调匀。

分数次加入清水、盐和姜末搅拌均匀。

芹菜洗净，切成颗粒状。

将芹菜粒和葱末等加入到放有猪五花肉蓉的碗中搅拌。

放入香油、味精，将所有原料拌匀。

即成猪肉芹菜馅。

## 🍴 香菇鸡肉馅

● 原料　鸡胸肉300克，香菇35克
● 调料　姜汁1匙，酱油10克，盐3克，料酒、味精以及香油各适量

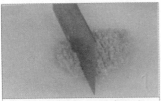

将鸡胸肉洗干净，剁成肉碎。

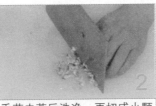

香菇去蒂后洗净，再切成小颗粒状。

把鸡肉碎放到大的容器内。

在容器内加入酱油、姜汁、盐和料酒搅拌均匀。

再加入香菇粒搅拌均匀。

最后放入味精和香油搅拌均匀即可。

## 🍴 鸭肉冬笋馅

- ●原料　鸭胸肉300克，冬笋40克
- ●调料　葱末15克，姜末8克，盐和白糖各1小匙，料酒、酱油各1大匙，香油、食用油适量

将鸭胸肉洗干净，放入沸水中煮至八成熟。

将鸭胸肉取出，放凉，然后切成颗粒状大小。

冬笋洗干净，切成颗粒状。

锅中加油烧热，加入鸭肉和冬笋炒热。

放入酱油、盐、料酒、白糖炒至均匀，出锅后盛入大碗。

最后加入葱末、姜末和香油搅拌均匀即可。

## 🍴 腊肉芝麻馅

- ●原料　熟面粉250克，腊肉130克，芝麻40克
- ●调料　熟猪油45克，饴糖1匙，白糖和盐适量

先把备好的腊肉洗净蒸熟，放凉后切成细小的颗粒状。

芝麻洗净，放入锅中炒熟，取出来压成面状。

将白糖、熟面粉、腊肉粒和芝麻面加入熟猪油搅拌均匀。

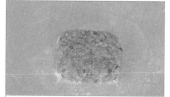

取出放在案板上，加入饴糖和盐搓揉，直至成长方形块状。

将长方形大块切成约2厘米宽的条状。

再改刀切成大小均匀的小方块即可。

## 黑椒牛肉馅

- 原料　新鲜牛肉300克，洋葱60克
- 调料　香葱30克，盐、白糖、味精各1小匙，酱油2小匙，黑椒汁和香油适量

1

将新鲜的牛肉洗干净，沥干水分，先切成粗丝。

2

再切成绿豆大小的粒状，然后剁碎。

3

洋葱和香葱去掉根和老皮，洗净，切成颗粒状。

4

在牛肉馅中加入酱油、黑椒汁和盐、白糖、味精搅拌。

5

再加入切好的洋葱和香葱颗粒搅拌均匀。

6

最后加入香油搅拌均匀即可。

## 五香羊肉馅

- 原料　新鲜羊肉300克，净马蹄30克
- 调料　香葱末20克，精油1匙，酱油、沙爹酱、盐、五香粉和胡椒粉各适量

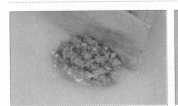

1

羊肉洗净，剁成羊肉碎。

2

马蹄切成细小的颗粒状。

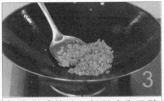

3

锅中加油烧热，把羊肉和马蹄先后下锅中炒。

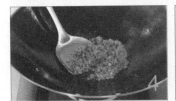

4

加入酱油、沙爹酱、盐、五香粉和胡椒粉翻炒。

5

出锅盛入大的容器里，再加入香葱末。

6

把香葱末与羊肉碎搅拌均匀即可。

## 🍴 新鲜鱼肉馅

- 原料　新鲜净鱼肉400克，瘦肉50克，蘑菇20克
- 调料　盐2小匙，料酒1大匙，味精和香油少许，葱末和姜末各适量

将新鲜的净鱼肉剁碎成泥状。

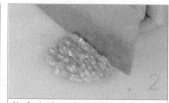

将瘦肉洗干净，剁碎。

将蘑菇洗干净，切成细小的颗粒状。

在鱼肉和瘦肉中加入盐、料酒、味精、葱末以及姜末搅拌。

放入蘑菇粒和香油。

将容器内的馅料拌匀即可。

## 🍴 虾肉草菇馅

- 原料　虾肉250克，瘦肉蓉30克，草菇50克
- 调料　盐1匙，酱油2匙，味精、熟猪油、香油、葱末以及姜末各适量

将草菇洗干净，切成绿豆大小的颗粒状。

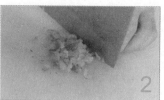

将虾肉洗干净，将其水分过滤干净，切成小颗粒状。

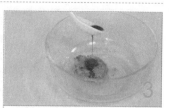

把虾肉和瘦肉蓉放入大碗中，加入酱油、盐和熟猪油稍微搅拌。

再放入葱末、姜末以及味精搅拌均匀。

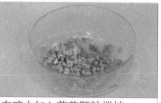

在碗中加入草菇颗粒搅拌。

最后放入香油搅拌均匀即可。

海鲜馅 ◀

## 🍴 鲜美蟹肉馅

- ●原料　螃蟹3只，瘦肉150克，香菇25克
- ●调料　香葱末8克，盐1匙，酱油2匙，胡椒粉、鸡精、料酒和香油各适量

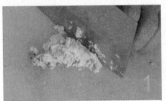

螃蟹洗净，取肉切成细小颗粒状。

将洗净的香菇放入开水中焯一下捞出，切成小颗粒状。

将瘦肉洗净剁成碎末，放入大碗中，加入香菇搅拌。

再加入料酒、香葱末、胡椒粉、盐、酱油和鸡精搅拌均匀。

加入蟹肉调拌均匀。

放入香油搅拌均匀即可。

## 🍴 蛤蜊莴笋馅

- ●原料　蛤蜊肉500克，莴笋200克
- ●调料　葱末10克，盐5克

蛤蜊肉洗净，放入沸水中烫熟。

将烫熟后的蛤蜊凉凉，切成颗粒状。

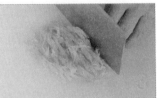

莴笋去皮，洗干净，切成丝，加入盐，挤干莴笋丝的水分。

再将莴笋丝切成小颗粒状。

将莴笋末装入大碗中，加入盐和葱末搅拌。

在大碗中加入蛤蜊肉粒搅拌均匀即可。

### 🍴 核桃杏仁馅

●原料　熟面粉200克，瘦肉80克，核桃仁和杏仁各45克
●调料　白糖适量

坚果馅 ◀

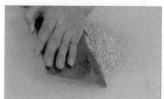

将核桃仁和杏仁洗净，压成碎米粒状。

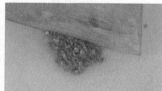

瘦肉清洗干净，用刀剁成肉碎。

将面粉、白糖以及核桃杏仁碎放入大碗中。

再放入瘦肉反复搓揉。

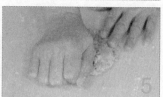

取出放在案板上，继续搓揉。

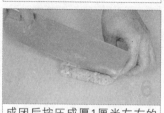

成团后按压成厚1厘米左右的大块状，再切成大颗粒即可。

### 🍴 花生瓜子馅

●原料　熟面粉250克，猪肥膘肉100克，花生仁和瓜子仁各60克
●调料　白糖适量

将花生仁和瓜子仁洗净，压成碎米粒状。

猪肥膘肉洗净，剁成肉碎。

将熟面粉、白糖和碎花生仁瓜子仁放入大碗中。

再放入猪肥膘肉搓揉。

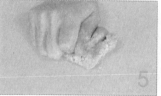

取出来放在案板上，反复搓揉。

成团后按压成厚1厘米左右的长方形大块，再切成大颗粒即可。

## 🍴 松子莲子芝麻馅

● 原料　熟面粉250克，猪肥膘肉100克，松子仁、莲子和芝麻各50克
● 调料　白糖40克，饴糖150克

将松子仁、莲子和芝麻洗净，压成米粒状。

猪肥膘肉洗净，剁成肉碎。

将所有的原料及白糖放到一个大容器里。

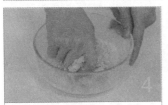

加入饴糖反复搓揉。

取出来放在案板上搓揉，直至成团。

按压成厚1厘米左右的大块，再切成大颗粒即可。

## 🍴 莲蓉馅

● 原料　莲子400克
● 调料　白糖250克，植物油2匙

将莲子洗净放入温水中浸泡，然后放在碗中入蒸笼蒸熟。

取出蒸熟的莲子，放入凉水中浸泡至凉。

捞出莲子，沥水，放入搅拌机内搅拌成莲蓉。

在锅中加入植物油，烧热后加入白糖，炒至白糖溶化。

在锅内加入莲蓉，炒到不粘锅为止。

出锅倒至容器内即可。

## 🍴 面团搓条

●原料　面团适量

先把面团和好，放置。

取出一块和好的面团，切开成条状。

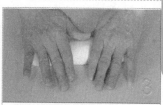

用手把条状面团来回地推揉，直到它成粗条状。

使用抻面法使面条向两端延伸延长，变细。

再用手把面条搓成大小均匀、粗细适当的长条状。

面团搓条完成，可用来制作麻花等。

## 🍴 面团揪剂

●原料　面团适量

先把面团和好，放置。

取出一块面团，握成剂条状。

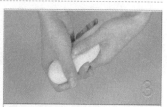

握住剂条状的面团，但使它露出少许剂子。

用手去捏露出的剂子。

捏住以后顺手往下把它揪成大小均匀的面剂。

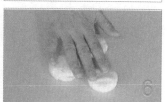

把揪后的小剂置于案板上，轻轻地压制，使其成圆状。

##  面团切剂

●原料　面团适量

先取出面团和好，放置。

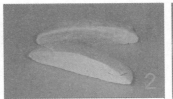

将面团切成两大半。

切成两半后搓成均匀的条状。

用刀将大条状切成小剂份或小剂块状。

切剂后放置一段时间。

面团切剂以后主要用来制作馒头等面食。

##  面团挖剂

●原料　面团适量

先取出面团和好，放置。

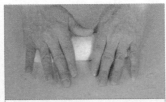

将面团搓成剂条。

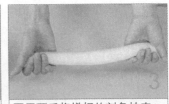

再用两手将搓好的剂条捯直。

一手按住剂条，另一手四只手指弯曲，从剂条下方伸入。

一手四指弯成铲形，从剂条下面伸入挖出一大小均匀的面剂。

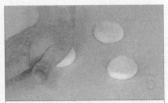

将挖出来的小面剂放在砧板上，用手掌压制。

##  面团拉剂

●原料　面团适量

先取出面团和好，放置。

将面团搓成剂条。

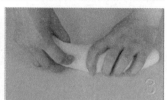

一手握住搓好的剂条，另一手的五指抓住剂条的一小块。

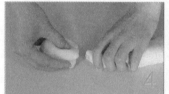

抓住以后一块块地拉下，拉成大小均匀的面剂。

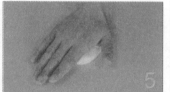

用手掌把面剂压制成型。

面团拉剂可用于制作馅饼等。

## 面剂按皮和拍皮

●原料　面团适量

先取出面团和好，放置。

把面团搓成长条。

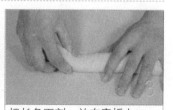

把长条下剂，放在案板上。

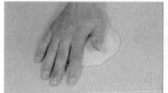

用手掌把剂子按压，直到中间稍厚、边缘稍薄些。

拍皮和按皮大致上一样，都是将剂子稍加以整压。

用刀子沿着剂子周围将其拍成中间稍厚、周边稍薄的圆皮即可。

## 🍴 擀饺子皮

- ●原料 面粉100克，开水适量
- ●调料 盐少许

面粉开窝，在面窝中加入盐。

加入开水，和匀。

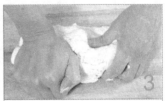

揉成面团。

反复搓成光滑的面团，再搓成剂条抻直。

揪成20克一个的小剂子。

用擀面杖分别将小剂子擀成饺子皮。

## 🍴 家常水饺

- ●皮料 饺子皮500克
- ●馅料 肉馅250克，盐、味精、糖、香油各3克，胡椒粉少许，生油少许，大白菜100克

大白菜洗净，切成碎末。

将大白菜加入肉馅中，再放入所有调味料一起拌匀成馅料。

取一饺子皮，在饺子皮内放20克的肉馅。

将面皮对折。

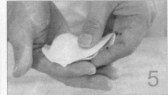

将面皮的边缘包起，捏成饺子形。

将饺子的边缘扭成螺旋形即成饺子。

## 包月牙饺

● 皮料　面粉100克，清水适量
● 馅料　盐2克，白糖、鸡粉、香油各5克，生抽5克，生粉60克，韭菜100克，肉末100克

洗好的韭菜切成粒。

将肉末放入碗中，加入少许盐、生粉、生抽，搅拌均匀。

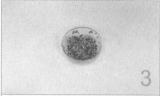

将鸡粉、白糖、香油、韭菜和肉馅拌匀，制成韭菜肉馅。

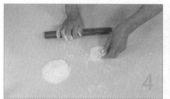

面粉揉搓成面团，切成小剂子，将剂子压扁，擀成饺子皮。

取面皮加入馅料，食指和大拇指伸出将饺子皮右边边角捏住。

右手拇指推内侧饺子皮，食指将外侧皮捏成褶皱。

## 包三角饺

● 皮料　糯米粉500克，澄面和猪油各150克，白糖和清水各适量
● 馅料　豆沙800克

将糯米粉、澄面加入糖和清水搅拌均匀。

拌至没粉粒状时，即可倒在案板上。

加入猪油揉成面团，再将面团搓成长条状。

将面团、豆沙分别切成每个30克的小剂子。

将面团擀成薄皮。

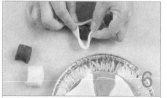

取皮在手，先捏一个角，放入豆沙馅，再捏出两个角，即成三角饺。

**擀馄饨皮**

● 原料　高筋面粉500克，鸡蛋1个，清水适量
● 调料　盐2克

将500克高筋面粉置盆中，中间扒个窝，将鸡蛋磕入窝中。

将2克盐溶于200克冷水内，倒入面粉中。

用手从外往里、由下而上，反复进行抄拌，使水与面掺匀。

继续揉搓。

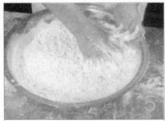

再加少许水抄拌至面粉吃水呈均匀麦片状。

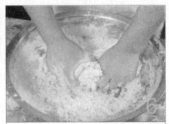

对揉压匀，使面粉均匀吃水呈结块状。

揉至面团的表面光滑柔润，再将面团揉捏成圆形。

用擀面杖将面团压扁。

再用擀面杖将面团擀压成薄块状。

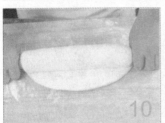

继续擀压，用擀面杖卷起面团，反复擀至细薄状。

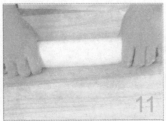

擀压至细薄程度达到馄饨皮的要求。

将薄皮叠起，用刀切出每块为6厘米×6厘米大小的馄饨皮。

**包馄饨**

- ●皮料　低筋面粉250克，高筋面粉250克，清水适量
- ●馅料　肉末250克，盐5克，味精、白糖、鸡粉、蚝油、胡椒粉、香油各适量，葱末10克，姜末少许

取一大碗，放入肉末，加2克盐，顺一个方向快速搅拌均匀，至肉末起浆上劲。

加味精、白糖、鸡粉、蚝油、胡椒粉、香油拌匀。

加入姜末、葱末拌匀，制成馄饨肉馅。

将高筋面粉、低筋面粉倒在案板上，加3克盐。

用刮板开窝。

分数次加入适量清水。

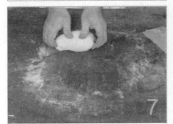

将面粉揉搓成光滑的面团。

用擀面杖将面团擀成面片。

把面片对折。

再擀平，反复操作2~3次。

把面片擀成薄薄的长方片，用刀修齐整，切梯形馄饨皮。

取适量肉馅，放在馄饨皮中，由短边卷起，裹住肉馅，再将两端捏在一起，制成馄饨。

## 手擀面

● 原料 面粉500克，鸡蛋1个，清水175克
● 调料 盐适量

取面粉500克、盐适量以及鸡蛋1个，备用。

将面粉放在案板上，开窝。

将盐放在窝中间。

加入1个鸡蛋。

加入175克冷水。

用手将蛋液、盐、水拌匀。

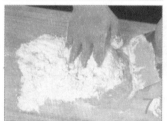

再将面粉拌匀。

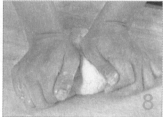

揉成光滑的面团。

用擀面杖将面团擀薄。

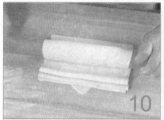

将面皮卷在擀面杖上，擀成4毫米厚的面片后叠起。

切成0.5厘米宽的面条。

撒上少许面粉，用手将切好的面条扯散即可。

## 😋 搓馒头

●原料 （馒头有不同的口味，这里以金银馒头为例说明）低筋面粉500克，糖100克，泡打粉4克，干酵母4克，改良剂25克，清水225克

低筋面粉、泡打粉过筛，加入糖、酵母、改良剂和清水搅拌。

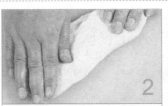

将低筋面粉拌入搓匀，搓至面团纯滑。

用保鲜膜包好，稍作松弛。

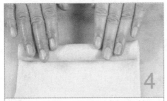

将面团擀薄，再卷起成长条状。

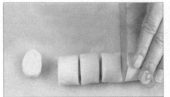

分切成每个约30克的馒头坯。

均匀排入蒸笼内，静置30分钟后用猛火蒸约8分钟熟透。

## 😋 包包子

●皮料 面团500克
●馅料 猪肉馅适量

将光滑的面团搓揉成长条状。

揪成30克1个的小剂子。

将小剂子轻轻地压制成圆状。

用擀面杖将小剂子擀成包子皮。

将馅料放入包子里。

包子口用手捏成雀笼形。

## 做馅饼

- ●水皮　面粉500克，鸡蛋1个，糖50克，猪油25克，水150克，熟芝麻少许
- ●馅料　圆粒豆沙馅适量
- ●油心　白牛油400克，猪油500克，面粉400克

油心部分材料混合拌匀。

搓至面团纯滑备用。

水皮部面粉开窝，加入糖、猪油、鸡蛋、清水搓至糖溶化。

将面粉拌入。

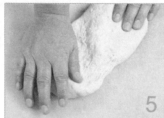

搓至面团纯滑。

用保鲜膜包好，松弛约30分钟。

将面团擀薄入油心。

用擀面杖擀平，两头对叠，松弛后重复擀薄折叠，折三次。

将酥皮擀薄约4毫米厚度，然后卷起成长条状。

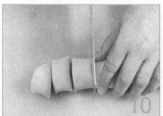

稍作静置后切成薄酥坯。

将薄酥坯擀开成薄片，包入豆沙馅料，然后将口收紧。

粘上芝麻，用150℃油温炸至成浅金黄色即可。

## 卷春卷

●原料 春卷皮数张，猪瘦肉100克，水发香菇35克，胡萝卜70克，黄豆芽55克，面浆适量

●调料 盐3克，鸡粉2克，白糖10克，料酒、生抽、老抽、水淀粉、香油、食用油各适量

1 洗净的黄豆芽切成两段。

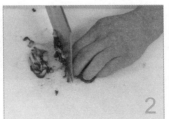

2 洗好的香菇切片，改切成丝。

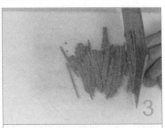

3 洗净去皮的胡萝卜切片，改切成丝。

4 洗好的猪瘦肉切片，改切成瘦肉丝。

5 热锅注油，烧至五成热，放入肉丝，炸至变色。

6 捞出炸好的肉丝，沥干油，待用。

7 锅入清水烧开，加油，放入香菇、胡萝卜、黄豆芽略煮后放入肉丝，炒匀即可。

8 加入适量盐、鸡粉、白糖，淋入料酒、生抽、老抽炒匀，倒入适量水淀粉，翻炒片刻。

9 加入香油，炒匀。

10 盛出锅中食材，待用。

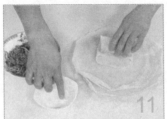

11 取适量食材，放入春卷皮中，将春卷皮四边向内对折，卷起包裹好，再抹上少许面浆。

12 制成春卷生坯。

## 🍴 单花卷

● 原料 低筋面粉500克，酵母5克，油15克，清水适量
● 调料 白糖50克，花生酱20克，花生末30克

1

在面粉、酵母中加入白糖和水揉成面团，覆盖上保鲜膜。

2

取面团擀成面皮后刷上食用油和花生酱，再撒上花生末。

3

对折，擀平，再分成八个均等的面皮。

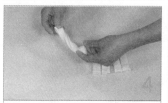

4

取两片面皮，整齐地叠放在一起，捏紧两端，扭成螺纹型。

5

再将两端合起来、捏紧。

6

依此做完余下的面皮，制成单花卷生坯。

## 🍴 双色卷

● 原料 低筋面粉1000克，酵母10克，熟南瓜200克，水适量
● 调料 白糖100克

1

取面粉、酵母、适量水和白糖，揉成光滑面团后覆盖保鲜膜。

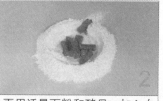

2

再用适量面粉和酵母，加入白糖和熟南瓜，搅拌成南瓜泥。

3

分次加水，反复揉搓成光滑的南瓜面团后覆盖保鲜膜。

4

将擀平的南瓜面片叠在白色面片里，沿面片的中间对折。

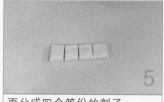

5

再分成四个等份的剂子。

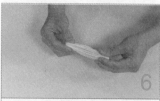

6

在剂子的中间压出凹痕，沿凹痕对折扭成"S"形，把两端捏住。

## 包烧卖

●皮料　烧卖皮适量
●馅料　盐、糖、香油、鸡精、蟹子或咸蛋黄、猪上肉、猪肥肉、鲜虾仁、胡椒粉、鸡蛋丝等各适量

猪上肉、猪肥肉洗净切成碎蓉；鲜虾仁洗净加入盐、糖、鸡精拌透。

将上述材料拌匀。

将香油、胡椒粉加入拌均匀。

用烧卖皮将馅包入。

将包入馅料的烧卖皮收捏起成细腰形。

排入蒸笼内。

以鸡蛋丝作装饰。

然后用蟹子或咸蛋黄作装饰，用猛火蒸约8分钟即可。

#  包粽子

●原料 糯米380克，食用碱5克，粽叶10片，棉线1团，腊肠100克，清水适量

将糯米装入大碗中，加清水，水量浸没过糯米。

加食用碱，拌匀。

静置于阴凉处，浸泡1小时。

锅中加足量清水烧开，放入洗净的粽叶，煮1分钟至熟软。

把煮好的粽叶取出备用。

将洗净的腊肠切片，再切条，改切成丁。

取两片粽叶，叠好，由两端向中间凹，围成漏斗形状。

用勺子舀入适量糯米，压实，压紧。

加入腊肠，再放入糯米，压实。

至收口处留空隙，再把左右两边的粽叶向内折叠，后面的往前折叠，折好，盖紧。

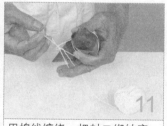

用棉线缠绕，把封口绑结实，以不漏米为原则，打上死结。

将多余的棉线剪断，制成腊肠粽生坯，装入盘中待用。

## Part 3

# 新手做主食，
# 火候、技巧
# 要牢记

　　本章主要介绍了一些常见主食的做法。我们将这些主食分为馒头、包子、花卷、水饺、馄饨、面条和粉这七大类，并且详细地介绍了所做主食中需要的原料、调味料以及做法、制作窍门和制作时间等。只有掌握好火候和技巧，才能做出健康又味美的主食！

## 馒头▶

### 🍴 燕麦馒头

● 原料 低筋面粉、泡打粉、干酵母、改良剂、燕麦粉、水各适量
● 调料 砂糖100克

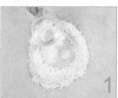

**1** 低筋面粉、泡打粉过筛与燕麦粉混合开窝。

**2** 加入砂糖、酵母、改良剂、清水拌至糖溶化。

**3** 揉成面团，揉至面团纯滑。

**4** 用保鲜膜包起松弛约20分钟。

**5** 用擀面杖将面团压薄。

**6** 卷起成长条状。

**7** 分切成每件约30克的面团。

**8** 均匀排于蒸笼内，用猛火蒸约8分钟熟透。

## 🍴 菠汁馒头

- ●原料 面团500克，菠菜200克
- ●调料 椰浆10克，白糖20克

将菠菜叶洗净，与椰浆、白糖放搅拌机中打成汁。

将打好的菠菜汁倒入揉好的面团中。

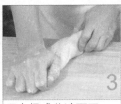

用力揉成菠汁面团。

将面团擀成薄面皮，将边缘切整齐。

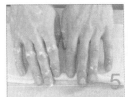

将面皮从外向里卷起成长条状。

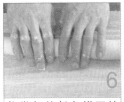

将卷起的长条搓至纯滑即可。

再切成大小相同的面团，即成生坯。

醒发1小时后，上笼蒸熟即可。

豆沙双色馒头

- 皮料　面团300克
- 馅料　豆沙馅150克

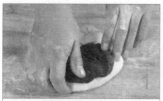

面团分成两份，一份加入豆沙和匀，另一份面团揉匀。

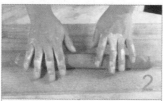

将掺有豆沙的面团和另一份面团分别搓成长条。

用通心槌擀成长薄片。

喷上少许水，叠放在一起。

从边缘开始卷成均匀的圆筒形状。

切成50克大小的馒头生坯，醒发15分钟即可入锅蒸。

**双色馒头**

- 原料 面团250克2份，菠菜200克
- 调料 白糖20克

菠菜叶加白糖搅打成汁，再将菠菜汁掺入面团中。

用力揉成菠菜汁面团。

菠菜汁面团擀成面皮，放于擀好的白面皮上。

再用擀面杖将面皮擀均匀。

将两块面皮从外向里卷起。

将卷起的长条搓至纯滑。

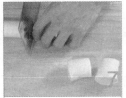

再切成大小相同的面团，即成生坯。

醒发1小时后，上笼蒸熟即可。

## 🍴 胡萝卜馒头

● 原料 面团500克，胡萝卜200克
● 调料 糖适量

将胡萝卜洗净入搅拌机中打成胡萝卜汁。

将胡萝卜汁倒入面团中揉匀。

揉匀后的面团用擀面杖擀薄。

将面皮从外向里卷起。

卷成圆筒形后，再搓至纯滑。

切成大小相同的面团，放置醒发后上笼蒸熟即可。

## 🍴 南瓜馒头

- 原料　熟南瓜200克，低筋面粉500克，水适量
- 调料　白糖50克，酵母5克
- 做法

①将面粉、酵母混合均匀，用刮板开窝，放入备好的白糖，倒入熟南瓜拌匀至泥状，再加适量清水反复揉搓至面团光滑，制成南瓜面团备用。

②南瓜面团搓成长条形，切成数个剂子，即成馒头生坯，将馒头生坯放入蒸锅中蒸熟即可。

## 🍴 椰汁蒸馒头

- 原料　面团500克
- 调料　椰汁1罐
- 做法

①将椰汁倒入面团中，揉匀。

②用擀面杖将面团擀成薄面皮。

③再将面皮从外向里卷起。

④切成大小相同的面团，放置醒发1小时后上笼蒸熟即可。

## 🍴 吉士馒头

- 原料　面团500克，吉士粉适量
- 调料　椰浆10克，白糖20克
- 做法

①将吉士粉和所有调味料加入面团中，揉匀，再擀成薄面皮。

②将面皮从外向里卷起，成圆筒形。

③将圆筒形面团切成大约50克一个的小面剂。

④放置醒发后，上笼蒸熟即可。

# 包子

## 🍴 生肉包

●皮料　面粉500克，泡打粉15克，酵母5克，水适量
●馅料　猪肉100克，盐5克，砂糖10克，鸡精7克，葱碎30克

1　面粉、泡打粉开窝，加酵母、砂糖、水拌匀。

2　将面粉拌入，揉至面团纯滑。

3　用保鲜膜包起，稍作松弛。

4　将面团分切成每件30克的小面团，压薄。

5　猪肉洗净切碎，加入盐、鸡精、葱碎拌匀成馅。

6　用面皮包入馅料。

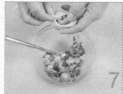

7　收口捏成雀笼形。

8　将包子排入蒸笼，用猛火蒸约8分钟。

## 🍴 燕麦花生包

●皮料 低筋面粉、泡打粉、干酵母、改良剂、燕麦粉、水各适量，砂糖100克
●馅料 花生馅适量

1　低筋面粉、泡打粉过筛后与燕麦粉开窝。

2　加砂糖、酵母、改良剂、水拌至糖溶化。

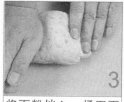

3　将面粉拌入，揉至面团纯滑。

4　用保鲜膜包好，松弛约20分钟。

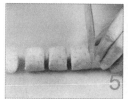

5　将面团搓成长条，分切成30克的小剂子。

6　将面团压薄成面皮。

7　包入花生馅，将口收紧。

8　均匀排入蒸笼内，蒸约8分钟即可。

## 🍴 燕麦豆沙包

●皮料 低筋面粉、泡打粉、干酵母、改良剂、燕麦粉、水各适量，砂糖100克
●馅料 豆沙馅适量

**1** 面粉、泡打粉过筛与燕麦粉混合开窝。

**2** 加砂糖、酵母、改良剂、水揉至糖溶化。

**3** 将面粉拌入，揉至面团纯滑。

**4** 用保鲜膜包好，松弛20分钟。

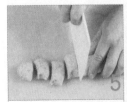

**5** 将面团分切为每个30克的小件。

**6** 将面团压成薄皮，包入豆沙馅。

**7** 将包口收紧成包坯。

**8** 将包坯放入蒸笼，用猛火蒸约8分钟即可。

## 🍽 香芋包

- ●皮料 面粉、泡打粉、干酵母、水各适量，香芋色香油5克
- ●馅料 盐、香菜、鲮鱼滑各适量

1 面粉、泡打粉开窝，加水、香芋色香油。

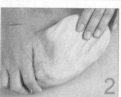

2 将面粉拌入，揉至面团纯滑。

3 用保鲜膜包起，静置15分钟，稍作松弛。

4 将面团分切成30克每个的小面团。

5 擀成薄皮备用。

6 鲮鱼滑与盐、香菜拌匀成馅料。

7 薄皮包入馅料，将包口收紧，捏成雀笼形。

8 均匀排入蒸笼内，用猛火蒸约8分钟即可。

## 🍴 雪里蕻肉丝包

● 皮料　面团200克

● 馅料　雪里蕻碎100克，瘦肉丝100克，姜末、蒜末、葱花、盐、鸡精、食用油各适量

● 做法

① 葱花、蒜末、姜末入油锅中爆香，入肉丝稍炒，放入雪里蕻炒香，调入盐、鸡精拌匀。

② 面团揉匀，搓成长条，下成剂子，按扁，擀成中间厚边缘薄的面皮；将馅料放入擀好的面皮中包好，以大火蒸熟即可。

## 🍴 白菜包

● 皮料　面团200克

● 馅料　豆腐干50克，大白菜100克，盐3克，姜末15克

● 做法

① 白菜洗净剁末，豆腐干洗净切碎；白菜用盐腌15分钟，加入豆腐干、姜末、盐拌匀。

② 面团揉匀，搓成长条，下剂按扁，擀成薄面皮；将拌匀的馅料放入面皮中，捏成提花生坯；生坯放置醒发1小时后入锅中蒸熟。

## 🍴 鲜肉大包

● 皮料　面团200克

● 馅料　五花肉馅300克，葱花、盐各3克，姜末、香油各15克

● 做法

① 肉馅放入碗中，搅成黏稠状，入盐、香油、葱花和姜末拌成肉馅。

② 面团揉匀，搓成条状，下成小剂子，擀成薄面皮；取肉馅放入面皮中，捏紧面皮边缘，即成生坯；醒发后用大火蒸熟。

## 金沙奶黄包

- ●皮料　面皮10张
- ●馅料　白糖40克，淀粉5克，黄油、玉米粉各20克，咸蛋黄50克
- ●做法

①将淀粉、玉米粉、白糖、咸蛋黄一起加入碗内拌匀，再加入黄油一起拌匀成奶黄馅。

②取一面皮，放入奶黄馅，将面皮包起来。

③将包好的包子揉至光滑，放置案板上醒发1小时左右，上笼蒸熟即可。

## 相思红豆包

- ●皮料　面团500克
- ●馅料　黄油少量，红豆馅200克
- ●做法

①取红豆馅，加入黄油，搓匀成长条状，再分成剂子。

②将面团下成面剂，再擀成面皮；取一张面皮，在面皮内放入一个红豆馅，将面皮从外向里捏拢，再将包子揉至光滑；将包好的包子放置案板上醒发1小时左右，上笼蒸熟即可。

## 灌汤包

- ●皮料　面团500克
- ●馅料　猪皮冻200克，肉末40克，淀粉、盐、糖、老抽、鸡精各少许
- ●做法

①将面团揉搓成圆形长条，再分切成小面团，将面团擀成中间稍厚、周边圆薄的面皮。

②将猪皮冻切碎后与肉末及所有调料拌匀成馅料，取少量馅料放在面皮上摊平，打褶包好，再上笼蒸熟即可。

## 青椒猪肉包

● 皮料　面团200克
● 馅料　五花肉馅100克，青椒碎50克，姜末15克、盐、香油各15克，水适量
● 做法

① 肉馅放入碗中，加水和青椒搅匀，调入盐、香油和姜末拌匀。

② 面团揉匀，搓成长条，下剂，擀成薄面皮；将拌匀的馅料放入面皮中央，包成生坯；包子生坯醒发1小时后，用大火蒸熟。

## 豌豆包

● 皮料　面团500克
● 馅料　罐装豌豆1罐，白糖60克
● 做法

① 将豌豆榨成泥状，加入白糖和匀成馅。

② 将面团下成大小均匀的面剂，再擀成面皮，取一张面皮，放豌豆馅。

③ 将面皮向中间捏拢，再将包住馅的面皮揉光滑，封住馅口，即成生坯；生坯醒发1小时左右，上笼蒸熟即可。

## 虾仁包

● 皮料　面团500克
● 馅料　盐3克，白糖10克，老抽适量，虾仁250克，猪肉末40克
● 做法

① 虾仁去壳洗净，加肉末和盐、白糖、老抽拌匀成馅。

② 将面团下成大小均匀的面剂，擀成面皮；取一张面皮，放20克馅料，再将面皮从外向里打褶包好；将包好的生坯醒发1小时左右，上笼蒸熟即可。

## 🍴 贵妃奶黄包

- ● 皮料　面团200克
- ● 馅料　奶黄100克
- ● 做法

① 将面团揉匀后下剂，压扁，擀成薄面皮，中间放上奶黄馅。

② 将面皮从四周向中间包好，将封口处的面皮捏紧。

③ 上笼蒸6分钟至熟即可。

## 🍴 素斋包

- ● 皮料　面团200克
- ● 馅料　豆腐干、香菇丁、红薯粉、青菜各20克，盐3克，鸡精、姜末、葱末、香油各10克
- ● 做法

① 豆腐干洗净切丁；红薯粉洗净泡发，切碎；青菜洗净切碎。

② 将豆腐干、红薯粉放碗中，加入香菇丁、姜、葱，调入盐、鸡精、香油拌匀，再加青菜拌匀成馅料。

③ 面团揉匀，搓长条后下成剂，按扁，擀成薄面皮，将馅料放入擀好的面皮中包好。

④ 做好的生坯醒发1小时，大火蒸熟即可。

## 🍴 芹菜小笼包

- ● 皮料　面团500克
- ● 馅料　芹菜碎、猪肉末各40克，糖、老抽、生抽、盐各适量
- ● 做法

① 将面团揉搓为圆形长条，再分切成小面团，将面团擀成中间稍厚、周边圆薄的面皮。

② 芹菜碎与猪肉末、调味料拌匀成馅料；取一张面皮，内放馅料，将面皮的一端向另一端捏拢，即成生坯；醒发后，上笼蒸熟即可。

## 榨菜肉丝包

●皮料　面团200克
●馅料　榨菜丝50克，猪肉丝100克，姜15克，蒜10克，盐、鸡精各3克，食用油适量
●做法
①姜、蒜分别洗净切末，入油锅中爆香，放入榨菜、肉丝炒香后盛出，调入盐、鸡精拌匀。
②面团搓成长条，下成小剂子，撒上面粉，按扁，擀成薄面皮；将馅料放入面皮中央，捏成提花生坯；醒发后，以大火蒸熟即可。

## 香葱肉包

●皮料　面团200克
●馅料　五花肉馅150克，葱花30克，盐、鸡精、香油各10克，水适量
●做法
①五花肉馅放入碗中加水搅拌至黏稠状，再调入盐、鸡精、香油和葱花拌匀。
②面团揉搓成长条，下剂，再擀成中间厚、边缘薄的面皮；将馅料放在擀好的面皮中央，包好即成生坯，醒发后，大火蒸熟即可。

## 家常三丁包

●皮料　面团200克
●馅料　冬笋50克，猪瘦肉丁100克，香菇丁30克，盐3克，鸡精、香油各10克
●做法
①冬笋洗净，切丁，放入碗中，与盐、鸡精、香油、猪瘦肉丁、香菇丁拌匀。
②面团揉匀，下剂，按扁后擀成中间厚、边缘薄的面皮；将馅料放入擀好的面皮中央，包好即成生坯；醒发后，以大火蒸熟即可。

## 🍴 灌汤小笼包

- 皮料　面团500克
- 馅料　肉馅200克，盐3克
- 做法

① 将面团揉匀后，搓成长条，再切成小面剂，用擀面杖将面剂擀成面皮；肉馅加盐拌匀。

② 取一面皮，内放50克馅料，将面皮从四周向中间包好。

③ 包好以后，放置醒发半小时左右，再上笼蒸8分钟，至熟即可。

## 🍴 干贝小笼包

- 皮料　面团300克
- 馅料　肉馅100克，干贝、盐各适量
- 做法

① 将面团揉透后，搓成长条，再切成面剂；干贝洗净，切成细粒；将肉馅、干贝、盐拌匀成馅。

② 将面剂擀成薄皮后，再放上适量馅料。

③ 将面皮包好，封口处捏紧，放置醒发半小时，上笼蒸7~8分钟即可。

##  蟹黄小笼包

- 皮料　面团300克
- 馅料　太湖大闸蟹黄100克，新鲜猪肉200克，姜末、高汤、鸡精各适量
- 做法

① 猪肉洗净剁成末，拌入鸡精，加入蟹黄、姜末，拌匀制成馅，加少许高汤拌匀。

② 将面团搓成长条，揪成小团，擀成圆皮，包入制好的馅，搓成鱼嘴形；醒发后，将小笼包放入蒸笼内蒸15~20分钟即可。

## 🍴 牛肉煎包

● 皮料　面粉100克，发酵粉10克，白糖、水各少许

● 馅料　鲜牛肉100克，盐、食用油各适量

● 做法

① 面粉加少许水、白糖，放发酵粉和匀后擀成面皮。

② 鲜牛肉洗净剁成泥状，加盐拌成馅，包入面皮中，包口掐成花状，折数不少于18次。

③ 锅中放油烧热，将包坯下入锅中，煎至金黄色即可。

## 🍴 瓜仁煎包

● 原料　生包4个，瓜子仁20克，鸡蛋1个

● 调料　淀粉、食用油各适量

● 做法

① 鸡蛋打散，加入淀粉拌匀成蛋糊。

② 将生包底部蘸取蛋糊，再粘上洗净的瓜子仁。

③ 煎锅入油烧热，下入生包煎至包熟、瓜仁香脆即可。

## 🍴 冬菜鲜肉煎包

● 皮料　面团500克，蛋清1个，葱花少许

● 馅料　肉末、冬菜末各200克，盐3克，食用油适量

● 做法

① 肉末和冬菜末内加入盐，拌匀成馅料。

② 面团搓条，下成小剂，擀成薄皮。

③ 取面皮，放入馅料，包成形，上笼蒸熟，取出；包子顶部蘸上蛋清、葱花，煎成底部金黄；取锅内热油，淋于包子顶部，至有葱香味即可。

## 🍴 生煎葱花包

●**皮料** 鸡蛋1个，面粉200克，发酵粉5克，砂糖15克，水适量
●**馅料** 肉100克，盐4克，味精3克，葱花20克
●**做法**
①将面粉加入水、砂糖、鸡蛋、发酵粉、和成面团；肉洗净剁碎，加入盐、葱花、味精拌匀成馅。
②将面团分成相应均等小份待用。
③将每小份面团擀成薄圆块，然后各包入适量肉馅，包成包子状，待发酵后煎熟即可。

## 🍴 芝麻煎包

●**皮料** 面团500克，白芝麻100克
●**馅料** 肉末200克，葱末、鸡精、盐各5克
●**做法**
①面团搓成条，切成小剂子，再擀成薄皮。
②肉末中加葱、鸡精、盐一起拌匀成馅。
③取一张面皮，放上馅料，包成包子形。
④将包子底部粘上洗净的白芝麻，醒发30分钟后，上笼蒸5分钟至熟；再入煎锅中煎成两面金黄色即可。

## 🍴 京葱生煎包

●**皮料** 糖、泡打粉各5克，面粉500克，水适量
●**馅料** 京葱、香菇各50克，盐4克，鸡精、糖、泡打粉各5克，猪瘦肉200克，食用油适量
●**做法**
①将面粉加入糖、泡打粉和少许水搅拌匀后擀成厚薄适中的面皮，切件后，改成圆形。
②京葱与香菇洗净切末；猪瘦肉剁泥拌入京葱、香菇，调入盐、鸡精、糖拌匀成馅；用面皮包住馅，包成包子状。
③锅底放上京葱，再放上包子蒸熟，取出放入煎锅中煎至底面金黄即可。

花卷
▶

 葱花火腿卷

●原料 面团500克，香葱粒20克，火腿粒40克

将面团擀成面皮。

将香葱粒、火腿粒放在面皮上。

将面皮对折起来。

将对折的面皮用刀先切一连刀，再切断。

把切好的面团拉伸。

将拉伸的面团绕圈。

打一个结后即制成生坯。

做好的生坯放置醒发1小时后，上笼蒸熟即可。

## 🍴 香芋卷

●皮料 砂糖100克，低筋面粉、泡打粉、干酵母、水各适量
●馅料 火腩、香芋各适量

1

面粉、泡打粉过筛开窝,中间加入糖、酵母、清水。

2

拌至糖溶化，将面粉揉入。

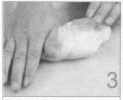

3

揉至面团纯滑。

4

用保鲜膜包起，稍作松弛。

5

将面团分切成30克每个的小面团。

6

将小面团擀成长日字形。

7

将切成块状的火腩、香芋包入成型。

8

排入蒸笼内，静置松弛，用猛火蒸8分钟即可。

**圆花卷**

● 原料 面团300克
● 馅料 油15克，盐5克

取出面团，在案板上推揉至光滑。

用通心槌擀成约0.5厘米厚的片。

均匀刷上一层油，撒上盐，用手拍平抹匀。

从边缘起卷成圆筒形，剂部朝下。

切成大约50克左右的生坯。

用筷子从中间压下。

两手捏住两头向反方向旋转一周，捏紧剂口。

放入蒸笼蒸熟，取出摆盘即可。

**燕麦杏仁卷**

- **原料** 面粉、干酵母、燕麦粉、改良剂、泡打粉、水各适量
- **调料** 砂糖、杏仁片各适量

1 面粉及其他原料混合后开窝，加入砂糖及水。

2 糖溶化后将面粉拌入，揉透至面团纯滑。

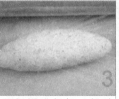

3 用保鲜膜包好，松弛备用。

4 将松弛好的面团用擀面杖擀开。

5 将洗净的杏仁片撒在中间铺平。

6 把面团卷成长条形状。

7 分切成45克每个的小面团。

8 放入蒸笼，用大火蒸约8分钟即可。

**火腿卷**

● 皮料 面团200克，火腿粒适量
● 馅料 香油10克，盐5克

面团揉匀。

擀成约0.5厘米厚的面片。

均匀刷上一层香油。

撒上盐抹平，均匀撒上火腿粒按平。

从边缘起将面片卷成圆筒形状。

切成2.5厘米宽、大小均匀的生坯。

用两手拇指从中间按压下去。

做成火腿卷生坯，醒发15分钟即可入锅蒸熟。

## 牛油花卷

●原料 面团500克，牛油20克
●调料 白糖20克，椰浆10克

**1** 面团加调料揉匀，下成面剂，擀成面皮，牛油涂于面皮上。

**2** 将面皮从外向里卷起成圆筒形。

**3** 将卷好的面筒搓至纯滑。

**4** 切成小面剂。

**5** 用筷子从面团中间按下去。

再将面团两头尾对折后翻起。

翻起后即成生坯。

**8** 将生坯放置案板上醒发1小时后，上笼蒸熟。

## 🍴 五香牛肉卷

● 皮料　面团500克

● 馅料　盐5克，白糖25克，味精、香油、五香粉各适量，牛肉末60克

用擀面杖将面团擀成薄面皮。

把牛肉末加所有调料拌匀成馅料，再涂于面皮上。

将面皮从外向里折，直至完全盖住牛肉馅。

将对折的面皮用刀先切一连刀，再切断。

将切好的面团拉伸，扭成花形。

将扭好的面团绕圈。

将面团打结后成花卷生坯。

将生坯放于案板上醒发1小时左右，蒸熟即可。

## 燕麦葱花卷

- 原料 低筋面粉、泡打粉、酵母、改良剂、燕麦粉、水各适量
- 调料 砂糖、葱花、生油各适量，盐少许

**1** 将所有原料与糖、水拌匀，拌至糖溶化。

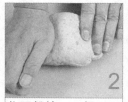

**2** 将面粉拌入，揉至面团纯滑。

**3** 将面团用保鲜膜盖好，约松弛20分钟。

**4** 将面团用擀面杖压薄，抹上生油。

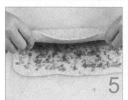

**5** 撒上葱花和少许盐，然后将面皮包起。

**6** 压实后用刀切成长条状。

**7** 搓成麻花状，每两条卷起成型。

**8** 排于蒸笼内，用猛火蒸约8分钟。

## 🍴 花生卷

- ●原料　面团200克，花生碎50克
- ●调料　盐5克，香油10克
- ●做法

①面团揉匀，擀成薄片，均匀刷上一层香油。

②撒上盐抹匀，再撒上花生碎，用手抹匀、按平，从边缘起卷成圆筒形，切成约50克左右的面剂，用筷子从中间压下，两手捏住两头往反方向旋转。

③旋转一周，捏紧剂口即成花生卷生坯，醒发后入锅蒸熟即可。

## 🍴 葱花卷

- ●原料　面团200克，葱花30克
- ●调料　香油10克，盐5克
- ●做法

①面团揉匀，擀成片，均匀刷上一层香油。

②撒上盐抹匀，再撒上一层拌匀香油的葱花，用手按平；从边缘向中间卷起，剂口处朝下放置；切成约50克左右的生坯；用筷子从中间压下，两手捏住两头往反方向旋转。

③旋转一周，捏紧剂口即成葱花卷生坯，醒发15分钟后即可入锅蒸。

## 🍴 川味花卷

- ●原料　面团200克，炸辣椒粉15克
- ●调料　盐3克
- ●做法

①面团揉匀，用通心槌擀成薄片。

②均匀撒上炸辣椒粉，再撒上盐抹匀、按平。

③从两边向中间折起形成三层的饼状，按平；切成1.5厘米宽、大小均匀的段，取2个叠放在一起，用筷子从中间压下。

④做成花卷生坯，醒发15分钟后入锅蒸即可。

# 双色花卷

- 原料　面团500克，菠菜汁适量
- 调料　椰汁适量，椰浆10克，白糖20克
- 做法

①将300克面团揉成白面团。

②将椰汁、椰浆、白糖与剩余面团、菠菜汁混匀，和成菠菜汁面团。

③将菠菜汁面团和白面团分别擀成薄片，再将菠菜汁面置于白面皮之上；用刀先切一连刀，再切断。

④将面团扭成螺旋形后绕圈，打结即成生坯，放置醒发后蒸熟即可。

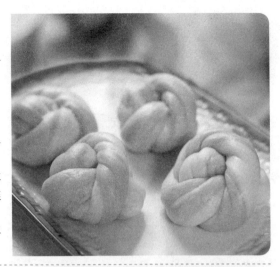

# 腊肠卷

- 原料　面团500克，腊肠若干
- 调料　糖适量
- 做法

①把面团加糖揉匀，搓成条形。

②下成大小相等的小剂，将每个小剂子搓成条状。

③把细面条按顺时针方向完全缠住腊肠。

④将做好的腊肠卷放在案板上醒发1小时左右，上笼蒸熟即可。

# 肠仔卷

- 原料　面团100克，火腿肠2根
- 调料　糖适量
- 做法

①面团加糖揉匀，用两手搓成条形。

②下成50克重的小剂，将每个小剂用双手揉成条状。

③左手拿火腿肠，右手拿面卷在火腿肠上，卷好后放入蒸笼，醒发后蒸熟即可。

## 水饺 ▶

### 🍴韭菜水饺

● 皮料 面粉500克，水适量
● 馅料 韭菜、猪肉各100克，马蹄肉25克，盐3克，鸡精、糖各8克，猪油、香油、胡椒粉各少许

**1** 面粉开窝，中间加入清水。

**2** 将面粉拌入揉匀。

**3** 揉至面团纯滑时，用保鲜膜包好面团，备用。

**4** 馅料部分洗净切碎拌匀备用。

**5** 将面团松弛后用擀面杖压成薄皮。

**6** 用切模轧成饺皮。

**7** 将馅料包入，然后捏紧收口成型。

**8** 将成型的饺子排入蒸笼，蒸约6分钟即可。

**鱼肉大葱饺**

- 皮料　饺子皮500克
- 馅料　大葱碎100克，鱼肉300克，盐5克，味精4克，白糖8克，香油、生抽、老抽各少许

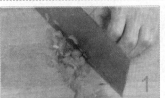

鱼肉洗净，剁成泥。

鱼肉内加入所有调味料一起拌匀成馅。

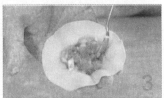

取一面皮，内放20克鱼肉馅。

将面皮对折包好，然后再包成三角形。

将面皮折好卷成三眼形，即成生坯。

放入锅中蒸8分钟至熟即可。

## 家乡蒸饺

● 皮料　面粉500克，水适量
● 馅料　韭菜200克，猪肉滑100克，盐1克，鸡精2克，糖3克，胡椒粉3克

1 面粉过筛开窝，加入清水。

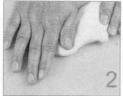

2 将面粉拌入，揉至面团纯滑。

3 面团稍作松弛后分切成10克每个的小面团。

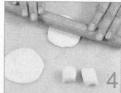

4 将小面团用擀面杖擀压成薄面皮备用。

5 馅料处理好后切碎，与调味料拌匀成馅。

6 用薄皮将馅料包入。

7 收口捏紧成型。

8 将饺子生坯排入蒸笼，猛火蒸约6分钟。

**墨鱼蒸饺**

- 皮料　饺子皮500克
- 馅料　墨鱼300克，盐5克，味精6克，白糖8克，香油少许

墨鱼洗净，剁成碎粒备用。

加入所有调味料。

和调味料一起拌匀成馅。

取20克馅放于饺子皮之上。

将饺子皮从三个角向中间收拢。

包成三角形状。

捏成金鱼形，即成生坯。

将饺子生坯放入锅中，蒸8分钟至熟即可。

## 🍴 玉米水饺

● 皮料 饺子皮500克
● 馅料 肉馅250克，玉米粒60克，盐、味精、糖、香油各3克，胡椒粉、生油各少许

玉米粒洗净，加入肉馅中。

加入所有调味料拌匀成馅。

取一饺子皮，放入大约20克的肉馅。

将饺子皮从三个角向中间一一折拢。

将三个角分别扭成小扇形。

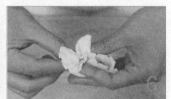

将肉馅与面皮处掐紧，即成生坯。

# 菠菜水饺

- 皮料　饺子皮500克
- 馅料　肉馅250克，菠菜100克，糖5克，味精、盐、香油各3克，胡椒粉、生油各少许

菠菜洗净，切成碎末状。

在切好的菠菜与肉馅内加入所有调味料一起拌匀成馅。

取一饺子皮，放入大约20克的肉馅。

将饺子皮的两角向中间折拢。

将中间的面皮折成鸡冠形。

将鸡冠形面皮掐紧，即成生坯。

## 🍴 鲜虾水饺

- ●皮料　饺子皮500克
- ●馅料　虾仁250克，盐、味精、香油各3克，糖5克，胡椒粉、生油各少许
- ●做法

①虾仁洗净，剁成虾泥。

②剁碎的虾泥内加所有调味料拌匀成馅料。

③取一饺子皮，内放20克的馅，将面皮对折，封口处捏紧，再将面皮从中间向外面挤压成水饺形。

## 🍴 金针菇饺

- ●皮料　饺子皮200克
- ●馅料　肉馅300克，金针菇200克，盐4克
- ●做法

①金针菇洗净入沸水中汆烫，捞起后放冷水中冷却。

②将冷却的金针菇切粒，加盐与肉馅拌匀。

③取一饺子皮，内放适量金针菇馅，将面皮对折，捏紧成饺子形，再下入沸水中煮熟。

## 🍴 冬笋水饺

- ●皮料　饺子皮500克
- ●馅料　肉馅250克，冬笋粒100克，盐、味精、糖、香油各适量
- ●做法

①在冬笋粒与肉馅内加入调料拌匀成馅。

②取一饺子皮，放入适量肉馅，将饺子皮的两角向中间折拢，折成十字形后捏紧。

③将边缘的面皮捏成波浪形，即成水饺生坯，再将水饺生坯入锅中煮熟即可。

## 🍴 白菜猪肉饺

- 皮料 饺子皮150克
- 馅料 白菜、五花肉末各150克，盐3克，香油、姜末、葱末、鲜汤各适量
- 做法

① 肉末加香油拌匀；白菜洗净切末，加盐、姜末、葱末、肉末、适量鲜汤，用筷子拌匀，搅拌至肉馅上劲。

② 饺子皮取出，包入白菜猪肉馅，做成木鱼状生水饺；锅中水煮开，放入生水饺煮熟即可。

## 🍴 冬菜鸡蛋饺

- 皮料 饺子皮150克
- 馅料 鸡蛋3个，冬菜100克，糖3克
- 做法

① 将鸡蛋打散煎成蛋皮，将煎好的蛋皮取出，切成蛋丝。

② 在蛋丝与洗切好的冬菜内加入糖一起拌匀成馅料。

③ 取一饺子皮，内放20克的馅，将面皮对折，封口处捏紧，再将面皮边缘捏成螺旋形；把做好的饺子放入沸水锅中煮熟即可。

## 🍴 芹菜猪肉饺

- 皮料 饺子皮150克
- 馅料 芹菜、五花肉末各150克，盐2克，姜15克，葱20克，香油少许
- 做法

① 芹菜、姜、葱洗净剁成泥，加盐、肉末、香油拌匀成馅。

② 将饺子皮取出，包入馅料，将面皮对折，封口处捏紧，再将面皮从中间向外面挤压成水饺形；锅中水煮开，放入水饺煮熟。

## 🍴 萝卜鲜肉饺

● **皮料** 饺子皮500克

● **馅料** 肉末250克，胡萝卜、白萝卜各50克，盐5克，味精3克，糖8克

● **做法**

① 胡萝卜、白萝卜洗净，均切成碎末，加入肉末、盐、味精、糖一起拌匀成馅。

② 取一面皮，内放20克馅料，再取另一面皮，盖于馅料上，将两块面皮捏紧，将边缘扭成螺旋形；将做好的饺子入锅中蒸熟。

## 🍴 菠菜鲜肉饺

● **皮料** 饺子皮500克

● **馅料** 菠菜100克，肉末150克，盐5克，糖7克，淀粉少许

● **做法**

① 菠菜洗净，切成碎末，加入肉末、盐、糖、淀粉一起拌匀成馅料。

② 取一饺子皮，内放20克馅料，将面皮包好，收口，再将面团扭成元宝形，把边缘捏紧。

③ 做好的饺子入锅中蒸熟即可。

## 🍴 猪肉雪里蕻饺

● **皮料** 饺子皮500克

● **馅料** 猪肉末600克，雪里蕻100克，盐6克，白糖10克，老抽少许

● **做法**

① 雪里蕻洗净切碎与猪肉放入碗内，加入盐、白糖、老抽一起拌匀成馅料。

② 取一饺子皮，内放20克馅料，面皮从外向里捏拢，再将面皮的边缘包起，捏成凤眼形。

③ 入锅中蒸6分钟至熟即可。

# 🍴 鸡肉大白菜饺

- **皮料** 饺子皮200克
- **馅料** 鸡胸脯肉250克，盐3克，白糖8克，淀粉少许，大白菜100克
- **做法**

①鸡肉洗净剁成蓉，大白菜洗净切成碎末；将盐、白糖、淀粉与鸡肉、白菜一起拌匀成馅料。

②取一饺子皮，内放20克馅料，将面皮从外向里折拢，将饺子的边缘捏紧，再将面皮捏成花边，即成饺子形生坯；将做好的饺子入锅中蒸熟即可。

# 🍴 萝卜牛肉饺

- **皮料** 饺子皮500克
- **馅料** 牛肉末250克，胡萝卜粒15克，盐3克，糖10克，胡椒粉、生抽各少许
- **做法**

①胡萝卜粒、牛肉末加调料一起拌匀成馅。

②取一饺子皮，内放20克的牛肉馅，将面皮对折，封口处捏紧，再将面皮从中间向外面挤压成水饺形。

③将水饺下入沸水锅中煮熟即可。

# 🍴 牛肉冬菜饺

- **皮料** 饺子皮500克
- **馅料** 牛肉250克，冬菜15克，盐3克，糖、生抽各10克
- **做法**

①冬菜洗净切好，加入切好的牛肉末，再加入所有调料，一起搅拌均匀成牛肉馅。

②取一饺子皮，内放20克的牛肉馅，将面皮对折，封口处捏紧，再将面皮从中间向外面挤压成水饺形；将水饺下入沸水中煮熟即可。

## 牛肉大葱饺

● 皮料　饺子皮500克，韭菜少许
● 馅料　牛肉泥300克，大葱粒80克，盐6克，糖5克
● 做法
①牛肉、大葱内加入盐、糖拌匀成馅料；韭菜洗净。
②取一饺子皮，内放20克馅料，面皮从外向里收拢，在肉馅处捏好，再将顶上的面皮捏成花形；用韭菜在水饺最细处绑好，再入锅蒸熟即可。

## 猪肉韭菜饺

● 皮料　饺子皮300克
● 馅料　肉末600克，韭菜150克，盐6克，味精3克，白糖7克，老抽少许
● 做法
①韭菜洗净，切成碎末，再加入盐、味精、肉末、白糖、老抽一起拌匀成馅。
②取一面皮，放入适量馅料，将面皮从四个角向中间收拢，先将其捏成四角形，再将面皮的边缘包起，捏成四眼形；将饺子入锅中蒸熟即可。

## 鱼肉水饺

● 皮料　饺子皮150克
● 馅料　鱼肉泥75克，姜末、葱末各20克，盐2克，料酒少许
● 做法
①鱼肉泥加盐、姜末、葱末、料酒，用筷子拌匀，搅拌至肉馅上劲，即成鱼肉馅。
②取一水饺皮，包入鱼肉馅，做成木鱼状生水饺坯；水煮开，放入生水饺，用大火煮至水饺浮起时，加水，煮至饺子再次浮起即可。

## 薄皮鲜虾饺

- ●皮料　面团200克
- ●馅料　馅料100克（内含虾肉、肥膘肉、竹笋各适量）
- ●做法

①将面团擀成面皮，再取适量馅料置于面皮之上。

②将面皮从四周向中间打褶包好。

③放置醒发半个小时后，上笼蒸7分钟，至熟即可。

## 虾仁韭黄饺

- ●皮料　饺子皮500克
- ●馅料　虾仁200克，韭黄100克，盐5克，味精3克，白糖8克，淀粉少许
- ●做法

①韭黄、虾仁洗净，切成粒，加入盐、味精、白糖、淀粉一起拌匀成馅。

②取一面皮，内放20克馅料，先将面皮从外向里捏拢，再将面皮的边缘包起，捏成饺子形；将饺子的边缘扭成螺旋形，入锅中蒸熟即可。

##  蛤蜊饺

- ●皮料　饺子皮200克
- ●馅料　肉馅、蛤蜊肉粒、莴笋丝各100克，葱花15克，盐3克
- ●做法

①蛤蜊肉粒、莴笋丝加盐、葱花、肉馅拌匀成馅。

②取一饺子皮，内放适量馅料，再将面皮对折，捏成饺子形，下入沸水中煮熟即可。

## 🍴 鱼翅灌汤饺

- **皮料** 饺子皮300克
- **馅料** 鱼翅50克，干贝、带子、蟹柳、猪肉各适量，盐5克，鸡汤200克，白糖适量
- **做法**

①先将鱼翅、带子、蟹柳、干贝、猪肉洗净，切碎，加盐、白糖、鸡汤拌成馅。

②将馅放入冰箱，冻半小时取出，然后用饺子皮包入拌好的馅。

③把包好的灌汤饺蒸熟即可。

## 🍴 三鲜凤尾饺

- **皮料** 菠菜200克，面粉300克，水适量
- **馅料** 鱿鱼、火腿、鱼各10克，香菇5朵，蛋清3个，盐5克，葱花适量
- **做法**

①菠菜洗净，剁成蓉加水和面，擀成饺子皮。

②把鱿鱼、火腿、香菇洗净切成丁；鱼去皮、刺，洗净剁成蓉；加入蛋清，调入盐、葱花，拌匀成馅；将饺子皮上加馅，包成饺子。

③将饺子放入蒸锅内蒸熟即可。

## 🍴 荞麦蒸饺

- **皮料** 荞麦面400克，水适量
- **馅料** 西葫芦250克，鸡蛋2个，虾仁80克，盐、姜末各5克，葱末6克
- **做法**

①荞麦面加水和成面团，下剂擀成面皮。

②虾仁洗净剁碎，鸡蛋炒碎，西葫芦洗净切丝，用盐腌一下；在以上材料中加入盐、姜末、葱末和成馅料。

③取面皮包入适量馅料，包成饺子形，入锅蒸8分钟至熟即可。

## 翠玉蒸饺

- **皮料** 菠菜200克，面粉500克
- **馅料** 猪肉300克，盐、香油各2克
- **做法**

①菠菜洗净榨汁，和面粉搅和在一起，搓成淡绿色面团；猪肉洗净剁碎，和盐、香油调和拌成馅。

②把面团搓成条，分切成大小相同的小剂子，擀成水饺皮，将饺子皮包入猪肉馅，捏成饺子形状。

③上笼用旺火蒸熟即可。

## 冬菜猪肉煎饺

- **皮料** 饺子皮500克
- **馅料** 冬菜50克，猪肉末400克，盐6克
- **做法**

①将猪肉末与洗净切好的冬菜一同放入碗内，加盐拌匀成馅。

②取一饺子皮，内放20克馅料，将饺子皮对折包好，再将封口处捏紧。

③将做好的饺子入锅蒸熟后取出，再入煎锅煎至金黄色即可。

## 煎饺

- **皮料** 饺子皮5个
- **馅料** 猪肉30克，洋葱1个，包菜30克，韭菜50克，蒜、盐、蚝油、生抽各适量
- **做法**

①猪肉、蒜、洋葱、包菜、韭菜均洗净剁碎，一起搅拌均匀，再加入盐、蚝油、生抽搅拌均匀，制成馅料，包在饺子皮内。

②煎锅放油烧热，放入已包好的饺子煎至金黄色熟透即可。

# 馄饨 ▶

## 🍴 玉米馄饨

- ● 皮料　馄饨皮100克
- ● 馅料　玉米250克，猪肉末150克，葱20克，盐6克
- ● 汤料：香油10克

1

玉米剥粒洗净；葱洗净切花。

2

将玉米粒、猪肉末、葱花放入碗中，加盐拌匀。

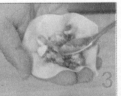

3

将大约20克馅料放入馄饨皮中央。

4

将馄饨皮两边对折，边缘捏紧。

5

将捏过的馄饨边缘前后折起。

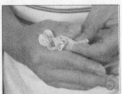

6

捏成鸡冠形状即可。

7

锅中注水烧开，放入包好的馄饨。

8

盖上锅盖煮3分钟，淋入香油即可。

萝卜馄饨

- 皮料　馄饨皮100克
- 馅料　白萝卜250克，猪肉末150克，葱20克，盐5克，白糖10克
- 汤料　香油10克

白萝卜去皮洗净切丝，葱洗净切花。

白萝卜、猪肉末、葱花放入碗中加调味料拌匀。

馅料放入馄饨皮中央，将馄饨皮两边对折。

将馄饨皮边缘捏紧。

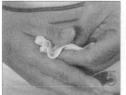

将捏过的边缘前后折起。

捏成鸡冠形状即可。

锅中注水烧开，放入包好的馄饨。

盖上锅盖煮3分钟至熟，淋入香油即可。

**鸡肉馄饨**

- ●皮料 馄饨皮50克
- ●馅料 鸡胸脯肉100克，葱20克，盐5克，味精4克，白糖10克
- ●汤料：香油少许

鸡胸脯肉洗净剁碎，葱洗净切花。

将鸡脯肉、葱花放入碗中加调味料拌匀。

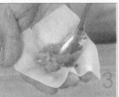

将大约20克左右的馅料包入馄饨皮中央。

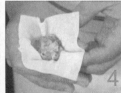

慢慢折起，使馄饨皮四周向中央靠拢。

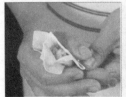

直至看不见馅料，再将馄饨皮捏紧。

捏至底部呈圆形。

锅中注水烧开，放入包好的馄饨。

盖上锅盖煮3分钟至熟，淋入香油即可。

#  牛肉馄饨

● 皮料　馄饨皮100克
● 馅料　牛肉200克，葱40克，盐5克，香油10克

牛肉洗净切碎，葱洗净切花。

将牛肉、葱花放入碗中加盐、香油拌匀。

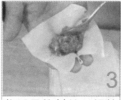

将适量馅料放入馄饨皮中央。

慢慢折起，使馄饨皮四周向中央靠拢。

直至看不见馅料，再将馄饨皮捏紧。

捏至底部呈圆形。

锅中注水烧开，放入包好的馄饨。

盖上锅盖煮3分钟至熟即可。

## 🍴 包菜馄饨

● 皮料　馄饨皮100克

● 馅料　鲜肉馅200克，包菜100克，葱花15克，盐适量

● 做法

① 包菜洗净后切粒，加盐略腌；包菜挤干水分加盐后与肉馅及葱花拌匀成馅料。

② 取一馄饨皮，放适量馅料；将馄饨皮对折起来，再从两端向中间弯拢后捏紧，即可下入沸水中煮熟食用。

## 🍴 冬瓜馄饨

● 皮料　馄饨皮100克

● 馅料　鲜肉馅150克，冬瓜300克，盐、味精、葱花各适量

● 做法

① 冬瓜去皮洗净，剁成细粒，加盐腌一下，挤干水分，加入盐、味精，再与肉馅及葱花拌匀。

② 取一馄饨皮，放适量馅料；将馄饨皮对折起来，再从两端向中间弯拢后捏紧，即可下入沸水中煮熟食用。

## 🍴 荠菜馄饨

● 皮料　馄饨皮300克

● 馅料　荠菜350克，夹心肉180克，姜末10克，葱末15克，黄酒、鸡汤各适量

● 汤料　紫菜50克

● 做法

① 夹心肉洗净绞碎，加入鸡汤、姜末、葱末、黄酒拌匀，再加入洗净切好的荠菜拌匀成馅。

② 在馄饨皮内包入荠菜肉馅，制成生馄饨。

③ 锅中加水烧开，入馄饨、紫菜煮熟即可。

## 🍴 蒜薹馄饨

- **皮料** 馄饨皮100克
- **馅料** 鲜肉馅300克，蒜薹粒500克，盐、味精、油各适量
- **做法**

①将蒜薹粒的水分挤干，加盐、味精、油与肉馅拌匀。

②取一馄饨皮，内放适量馅料，再将馄饨皮对折起来，从两端向中间弯拢后捏紧，即可下入沸水中煮熟食用。

## 🍴 羊肉馄饨

- **皮料** 馄饨皮100克
- **馅料** 羊肉100克，葱花50克，盐4克，味精4克，白糖16克，香油少许
- **做法**

①羊肉洗净剁碎，放入碗中，加葱花、盐、味精、白糖、香油拌匀成馅。

②将馅料包入馄饨皮中，捏紧，再将头部稍拉长，使底部呈圆形。

③馄饨入开水锅中煮3分钟即可。

##  鲜虾馄饨

- **皮料** 馄饨皮100克
- **馅料** 鲜虾仁200克，韭黄20克，盐4克，味精4克，白糖8克，香油少许
- **做法**

①鲜虾仁洗净，对半剖开；韭黄洗净切粒。

②将虾仁、韭黄粒混匀，调入盐、味精、白糖、香油拌匀成馅，再包入馄饨皮中。

③馄饨入开水锅中煮3分钟即可。

## 🍴 三鲜小馄饨

- **皮料** 馄饨皮100克
- **馅料** 猪肉150克，盐4克
- **汤料**：蛋皮、虾皮、香菜末各50克，紫菜25克，高汤、香油各适量
- **做法**

① 猪肉洗净，搅碎和盐拌成馅；把馄饨皮擀成薄纸状，包入馅料，捏圆；虾皮、紫菜洗净。

② 沸水中下入馄饨，加一次冷水即可，捞起入碗后，加蛋皮、虾皮、紫菜、香菜末和煮沸的高汤，淋香油即可。

## 🍴 菜肉馄饨汤

- **皮料** 馄饨皮100克
- **馅料** 油菜120克，猪绞肉300克，盐、姜末各适量
- **汤料**：芹菜末、榨菜丝各10克，豆腐100克，油葱酥、白胡椒粉、香油、高汤各适量
- **做法**

① 油菜洗净切碎，与猪绞肉、姜末和盐拌匀成肉馅，包入馄饨皮中；豆腐洗净，切小块。

② 高汤入锅煮沸，入馄饨煮至浮起，再入其余汤料，稍煮即可。

## 🍴 红油馄饨

- **皮料** 馄饨皮100克
- **馅料** 姜末、盐各适量，肉末150克
- **汤料**：辣椒油（红油）、葱花各适量
- **做法**

① 姜与肉末、盐一起拌成馅。

② 取肉馅放于馄饨皮中央，将皮对角折叠成三角形，捏紧使馅朝上翻卷，再将饺皮向内压紧。

③ 馄饨入开水中煮至浮起，入辣椒油，撒葱花即可。

## 🍴 韭黄鸡蛋馄饨

● **皮料** 馄饨皮100克
● **馅料** 韭黄150克，鸡蛋2个，盐3克，食用油适量
● **做法**

①韭黄洗净切末；鸡蛋磕入碗中，加入韭黄末、盐搅拌匀，下入锅中炒散制成馅。

②取1小勺馅放于馄饨皮中央，用手对折将皮捏紧。

③将馄饨逐个包好，入锅煮熟，汤中加盐调味即可。

## 🍴 鸡蛋猪肉馄饨

● **皮料** 馄饨皮100克
● **馅料** 猪肉50克，鸡蛋1个，盐2克
● **汤料**：葱花10克，盐3克，西红柿、高汤各适量
● **做法**

①猪肉洗净剁成泥，加入盐、鸡蛋做成馅；盐、葱花放入碗中做成调味料，加入高汤；西红柿洗净切片。

②把馄饨皮包上馅料，入开水中，加西红柿煮熟，捞至调味料碗里即可。

## 🍴 芹菜牛肉馄饨

● **皮料** 馄饨皮100克
● **馅料** 牛肉、芹菜各100克，姜末、葱末、盐各适量
● **汤料**：鲜汤适量
● **做法**

①芹菜、牛肉洗净切末后，放入盐、姜末、葱末，用筷子按顺时针方向拌匀成黏稠状。

②取适量馅料放在馄饨皮中央，用手对折捏紧，逐个包好。

③锅中加水及鲜汤煮开，入馄饨煮熟即可。

## 鱼肉雪里蕻馄饨

● **皮料** 馄饨皮100克

● **馅料** 鱼肉250克，雪里蕻100克，盐3克，香油10克

● **做法**

① 鱼肉洗净剁成末，雪里蕻洗净切碎；将鱼肉、雪里蕻放入碗中，调入盐、香油拌匀。

② 将馅料放入馄饨皮中央，取一角向对边折起成三角形，将边缘捏紧；锅中注水烧开，放入包好的馄饨煮3分钟即可。

## 上海小馄饨

● **皮料** 馄饨皮100克

● **馅料** 盐、味精各适量，鸡胸脯肉150克，虾皮50克，榨菜30克，葱适量

● **汤料** 香菜段、葱花、鲜汤、紫菜各适量

● **做法**

① 鸡胸脯肉、葱分别洗净切末，加入虾皮、榨菜、盐、味精调匀，用筷子按顺时针方向拌成黏稠状。

② 馄饨皮逐个包入馅料。

③ 净锅烧开水，下入馄饨、紫菜煮熟后，捞出盛入有鲜汤的碗中，再加入香菜、葱花即成。

## 鱼肉馄饨

● **皮料** 馄饨皮150克

● **馅料** 鲜肉馅250克，鱼肉200克，韭菜50克，盐、淀粉各适量

● **做法**

① 鱼肉洗净后切粒，加入盐调味，搅拌均匀。

② 在鱼肉中加入淀粉，与已洗净切粒的韭菜及鲜肉馅拌匀成鱼肉馅；取一馄饨皮，内放适量馅料，再将馄饨皮对折起来，从两端向中间弯拢捏紧，即可下入沸水中煮熟食用。

## 干贝馄饨

- **皮料** 馄饨皮200克
- **馅料** 鲜肉馅500克，干贝50克，姜末10克，葱花15克，盐、黄酒适量
- **做法**

①干贝洗净切粒，加入盐、姜末、葱花及黄酒，再与肉馅拌匀。

②取一馄饨皮，放适量馅料，再将馄饨皮对折起来，从两端向中间弯拢捏紧后，即可下入沸水中煮熟食用。

## 淮园馄饨

- **皮料** 馄饨皮100克
- **馅料** 五花肉末200克，盐、姜末、葱末各适量
- **汤料** 韭黄段、冬笋粒各30克，香菜段少许
- **做法**

①肉末加盐、姜末、葱末搅拌均匀成肉馅。

②馄饨皮取出，取适量馅料放在馄饨皮中央，逐个包好；锅中加水烧开，下韭黄段、冬笋粒煮入味，盛入碗中；锅入水烧开，下入馄饨煮熟后捞出，盛入汤碗中，撒香菜段即成。

## 酸辣馄饨

- **皮料** 馄饨皮100克
- **馅料** 肉末200克，盐适量
- **汤料** 香菜末3克，辣椒油、醋、香油、姜末、葱末、蒜末、鲜汤、盐各适量
- **做法**

①香菜末、姜末、葱末、蒜末加醋、辣椒油、香油、鲜汤、盐调匀放在碗里；肉末加盐放入碗内拌匀成馅。

②将馄饨皮包入馅料；净锅烧开水，下入馄饨煮至浮起，捞出盛入有汤料的碗中拌匀即可。

## 面条 ▶

### 🍴 牛肉黄瓜冷面

● 原料　冷面面条400克，萝卜170克，黄瓜50克，牛肉300克，梨100克，鸡蛋120克，松子10克

● 调料　糖40克，醋60克，蒜头20克，盐10克，细辣椒粉2克

将所有原料准备好。

牛肉、蒜均洗净入沸水锅中煮至熟。

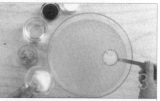

牛肉捞出切片，肉汤凉后去除浮油，加盐调味。

黄瓜、萝卜、梨均洗净切片，萝卜加盐、糖、醋、细辣椒粉腌渍。

锅中水烧开后放入面条煮熟，捞出沥干。

面条放入碗中，摆上煮熟后对半切的鸡蛋以及所有其他原料。

# 猪大肠炒手擀面

●原料  猪大肠200克，韭黄10克，手擀面150克
●调料  盐4克，鸡精5克，蚝油20克，生抽10克，胡椒粉2克，香油8克，食用油适量

猪大肠洗净，切件；韭黄洗净，切段。

锅中加水烧开，放入手擀面。

用筷子搅散。

大火煮熟。

用漏勺捞出手擀面，沥干水分。

放入冷水中过凉。

油烧热，放入面、猪大肠、韭黄炒匀。

调入调味料炒至入味，淋入香油即可。

## 银芽冬菇炒蛋面

●原料 银芽100克，泡发冬菇30克，韭黄10克，葱10克，蛋面150克

●调料 盐4克，蚝油10克，食用油适量

泡发冬菇洗净切丝；银芽洗净；韭黄洗净切段；葱洗净切花。

锅中加水烧开，放入蛋面，用筷子搅散。

将蛋面煮熟，用漏勺捞出。

放入凉水中过凉，捞出沥水。

油烧热，放入冬菇丝、蛋面、银芽炒香，加盐、蚝油炒匀。

再放入韭黄、葱花炒匀即可。

## ✘ 黑芝麻牛奶面

- ●原料　素面100克，黑芝麻、牛奶各适量
- ●调料　盐、蜂蜜各少许

黑芝麻洗净，沥干后用筛网筛除杂质。

锅烧热，倒入黑芝麻炒熟。

将黑芝麻放入臼杵中捣碎，放入碗中。

将牛奶倒入碗中，加盐、蜂蜜调好味道，滤出芝麻牛奶汁。

锅中注水烧开，下入素面煮至九成熟。

煮熟的素面用凉水过凉，放在碗中，再倒上芝麻奶汁即可。

## 🍴 鲜笋面

● 原料　魔芋面条200克，茭白100克，玉米笋100克，花菜30克，熟白芝麻5克

● 调料　盐2克，鲍鱼风味酱油5克

● 做法

① 茭白洗净切片，玉米笋洗净对半切开，花菜洗净掰成小朵；将以上所有材料焯烫熟。

② 魔芋面条放入开水中焯烫熟去味，捞出放入面碗内，加入茭白、玉米笋、花菜及剩余用料；锅内加水煮沸，倒入面碗中即可。

## 🍴 补气人参面

● 原料　面条90克，西红柿、秋葵各100克，火腿丝60克，参须5克

● 调料　盐2克，香油2克，高汤300克

● 做法

① 将参须稍洗，放入高汤锅中煮沸即成药膳高汤；西红柿去蒂，洗净切片；秋葵去蒂，洗净切开；面条煮熟后放在碗中，加入盐。

② 药膳高汤入锅中加热，加入西红柿、秋葵煮熟，倒入面碗中，搭配火腿丝，淋香油即可。

## 🍴 蔬菜面

● 原料　蔬菜面80克，胡萝卜40克，猪后腿肉35克，鸡蛋1个

● 调料　盐、高汤各适量

● 做法

① 将猪后腿肉洗净，加盐稍腌，再入开水中煮熟，切片备用。

② 胡萝卜洗净，削皮切丝，与蔬菜面一起放入高汤中煮开，再将鸡蛋打入，调入盐后放入切片后腿肉至熟即可。

# 🍴 红烧牛筋面

●原料　面条250克，牛筋、小白菜各适量

●调料　盐3克，香油10克，葱末、蒜末、姜片各少许，酱油、牛肉汤汁各适量

●做法

①小白菜洗净切段焯烫。

②牛筋洗净切大块，加水、蒜末、酱油、盐、姜片烧开后，转小火续焖煮至牛筋软烂。

③面先煮熟，置于碗内，加入牛筋、牛肉汤汁、小白菜、葱末、香油即可。

# 🍴 火腿鸡丝面

●原料　阳春面250克，鸡肉200克，火腿丝150克，韭菜花段200克

●调料　酱油、淀粉、柴鱼粉、盐、高汤、食用油各适量

●做法

①鸡肉洗净切丝，加酱油、淀粉腌10分钟，入锅炒熟。

②起油锅，放入韭菜花段稍炒后，加火腿丝拌炒，再加柴鱼粉、盐一起炒好；高汤烧开，将面条煮熟，再加入炒好的材料即可。

#  打卤面

●原料　面条90克，鸡蛋1个，五花肉片、香菇片、虾仁、木耳片、白菜段、胡萝卜丝各适量

●调料　酱油、盐、醋、葱段、淀粉、食用油各适量

●做法

①虾仁洗净，沥干备用；肉片用酱油、淀粉腌5分钟；面条煮熟备用；鸡蛋打成蛋液。

②起油锅，下香菇、葱、肉片、木耳、胡萝卜炒香，加水、白菜段、虾仁及酱油、盐、醋烧熟，淋下蛋液至凝固，加面条拌匀即可。

## 凉拌通心面

- 原料 火腿片2片，通心面1碗，生菜叶2片，鸡蛋1个
- 调料 橄榄油10克，盐少许
- 做法
①锅中加水，下通心面煮沸，转中火续煮5分钟，将面捞起倒入冷开水中浸凉后捞起。
②鸡蛋煮熟后捞起，蛋白切丁，蛋黄碾碎；生菜洗净拭干后切细片；将通心面、蛋白、蛋黄、火腿、生菜、盐加橄榄油拌匀即可。

## 三鲜烩面

- 原料 面条250克，虾仁200克，海参1条，肉片150克，香菇4朵，荷兰豆适量
- 调料 酱油、盐、葱段、姜丝、高汤、淀粉各适量
- 做法
①香菇泡发，洗净切片；荷兰豆洗净；肉片加酱油、淀粉腌渍；虾仁洗净；海参洗净，加葱、姜、水煮约5分钟；面条煮熟捞出。
②香菇、肉片、荷兰豆、葱、海参入锅拌炒，加虾仁、高汤、酱油、盐煮熟，加面条即可。

## 锅烧面

- 原料 乌龙面250克，鸡蛋1个，五花肉片、虾、鱼板、香菇丝、高汤、青菜各适量
- 调料 酱油10克，淀粉5克，鸡精3克，盐少许，胡椒粉2克，香油、葱末各适量
- 做法
①鱼板切片；肉片用酱油、淀粉腌约10分钟；虾洗净；青菜洗净，与鱼板一起氽烫。
②另用小锅水煮荷包蛋；高汤煮开，放乌龙面、肉片、鱼板、虾、香菇丝煮熟，加剩余原料及调料即可。

## 酸菜肉丝面

●原料 碱水面100克，瘦肉50克，酸菜30克，包菜15克，上汤250克，鸡蛋清30克

●调料 盐、淀粉、姜丝、葱、香菜段、食用油各适量

●做法

①瘦肉洗净切细丝，加入淀粉、鸡蛋清、盐调匀；酸菜洗净切丝；葱洗净切花；包菜洗净。

②油烧热，放入姜、葱、包菜、酸菜丝炒香，加入上汤，放入肉丝制成汤料后盛出。

③将面煮熟，捞出盛入碗中，淋汤料，撒上香菜。

## 雪里蕻肉丝面

●原料 面200克，雪里蕻20克，肉100克

●调料 酱油3克，香油5克，香菜段10克

●做法

①雪里蕻清洗干净后切成段，肉洗净切丝。

②锅内注适量清水，水沸后将面放入焯熟，捞出装入碗内；另一锅注少许油烧热，放入雪里蕻、肉丝、酱油炒香盛出；面碗内注入面汤，将炒好的雪里蕻、肉丝倒在面上，撒上香菜，淋上香油即可。

## 粉蒸排骨面

●原料 碱水面100克，排骨100克，上汤250克

●调料 盐、糖、米粉、葱、料酒、酱油、豆瓣酱、辣椒油、醪糟、豆腐乳各适量

●做法

①排骨洗净剁成小块；葱洗净切花。

②将剁好的排骨加入米粉、豆瓣酱、醪糟、料酒、糖拌匀，上蒸笼蒸熟；面煮好后，加入盐、酱油、辣椒油、上汤、豆腐乳拌匀；将蒸熟的排骨盖于面上，撒上葱花即可。

## 🍴 鲜虾云吞面

- **原料** 鲜虾云吞100克，面条150克，生菜30克
- **调料** 葱少许，牛骨汤200克
- **做法**

①将云吞下入开水中煮熟待用；葱洗净切花。

②面条下锅煮熟，捞出倒入牛骨汤中。

③面条中加入云吞及葱花、生菜即成。

## 🍴 鱼皮饺汤面

- **原料** 鱼皮饺100克，面条150克，生菜30克
- **调料** 葱少许，牛骨汤200克
- **做法**

①将成品鱼皮饺下开水煮熟待用；葱洗净切花。

②面条下锅煮熟，捞出倒入牛骨汤中。

③面条中加入鱼皮饺、生菜、葱花即成。

## 🍴 红烧排骨面

- **原料** 碱水面120克，排骨100克
- **调料** 盐、糖、香菜段、辣椒油、姜丝、蒜片、花椒、豆瓣酱、食用油各适量，原汤200克
- **做法**

①排骨洗净，斩成小段，汆水后捞出。

②油锅烧热，爆香姜丝、蒜片，加入汆烫过的排骨，调入盐、糖、豆瓣酱、花椒、辣椒油炒香至熟后盛出；原汤烧开将面煮熟；面条捞出装入碗中，放上炒香的排骨，撒上香菜段即可。

## 红烧牛肉面

●原料　碱水面200克，牛肉200克
●调料　盐3克，酱油5克，香料、豆瓣酱、香菜段、鲜汤、食用油各适量，蒜片、葱花、辣椒油各10克
●做法
①牛肉洗净切块，入开水锅氽烫。
②油烧热，爆香香料、豆瓣酱、蒜片，加牛肉炒香，调入鲜汤、盐、酱油和辣椒油；面条煮熟捞出盛入碗中，调入烧好的牛肉及汤，撒上香菜段和葱花即可。

## 叉烧面

●原料　面条、叉烧各200克，鱼板半块，青菜适量
●调料　香油、酱油各适量，盐、胡椒粉各少许，葱花适量，高汤300克
●做法
①叉烧、鱼板切片；青菜洗净切段。
②面条煮熟；青菜、鱼板氽烫熟。
③碗内放入葱花、酱油、盐、高汤，再放入面条、青菜、鱼板，摆上叉烧，加入胡椒粉，淋上香油即可。

## 鸡丝菠汁面

●原料　鸡肉75克，韭黄50克，菠汁面150克
●调料　盐3克，味精2克，香油少许，胡椒粉1克，上汤400克，食用油适量
●做法
①鸡肉洗净切丝；韭黄洗净切段。
②锅中注油烧热，放入鸡肉丝，调入盐、味精、胡椒粉、上汤煮入味，盛入碗中。
③锅中水烧开，放入菠汁面，用筷子搅散，煮熟，用漏勺捞出，沥干水分后放入盛有上汤的碗中，撒上韭黄，淋上香油即可。

## 🍴 香菇西红柿面

●原料　香菇、西红柿各30克，切面100克

●调料　盐少许

●做法

①香菇洗净，切成小丁，放入清水中浸泡5分钟。

②西红柿洗净，切成小块。

③将香菇、西红柿和切面一起煮熟，加盐调味即可。

## 🍴 什锦菠菜面

●原料　菠菜面80克，虾仁40克，旗鱼40克，鸡肉40克，青菜30克，胡萝卜10克

●调料　盐1克，酱油2克，奶油4克

●做法

①胡萝卜去皮切丝；青菜洗净，切小段。

②鸡肉、旗鱼洗净，切薄片状；虾仁洗净，沥干备用。

③锅内加水煮滚，放入面条煮熟，再加入所有食材煮熟，加调料调味即可。

## 🍴 西红柿猪肝菠菜面

●原料　鸡蛋面120克，西红柿1个，菠菜25克，猪肝60克

●调料　盐4克，胡椒粉3克，食用油适量

●做法

①猪肝洗净切片；菠菜洗净；西红柿洗净切片。

②锅入油烧热，下入猪肝、菠菜，炒熟后盛出；锅中加水烧开，下入面条，待面条熟后，下入炒好的猪肝、菠菜，再放入西红柿煮熟，加调料调味即可。

## 🍴 尖椒牛肉面

●原料　拉面250克，牛肉40克

●调料　盐3克，青椒片、红椒片各40克，香菜、葱各少许，牛骨汤200克，食用油适量

●做法

①香菜、葱均洗净切末；牛肉洗净切片。

②锅入油烧热，将青椒片、红椒片下锅炒香，再倒入牛肉炒匀，加盐，一起炒至熟；锅烧开水，拉面下入沸水中煮熟，捞入盛有牛骨汤的碗中，再将炒好的尖椒牛肉加入拉面中，撒香菜末、葱末即可。

## 🍴 家常炸酱面

●原料　碱水面200克，瘦肉200克

●调料　盐3克，酱油少许，味精2克，葱适量，白糖4克，甜面酱20克，辣椒油10克

●做法

①瘦肉洗净剁碎；葱洗净切花。

②将碎肉加甜面酱炒香至金黄色，盛入碗中备用；将除葱花外的其他调料也一并倒入碗中，拌匀成炸酱。

③碱水面下锅煮熟，盛入碗中，淋上炸酱，撒上葱花即可。

## 🍴 担担面

●原料　碱水面120克，猪肉100克

●调料　姜末、葱花、辣椒油、料酒各10克，盐2克，甜面酱、花椒粉、食用油各适量，上汤250克

●做法

①猪肉洗净，剁成蓉。

②锅置火上，下油烧热，放入碎肉炒熟，再加除上汤、葱花、面条外的全部用料炒至干香，盛碗备用；将面煮熟，盛入放有上汤的碗内，加入炒好的猪肉，撒上葱花即可。

**粉** ▶

## 🍴 咖喱炒河粉

● 原料 河粉200克，火腿丝、红椒丝、橙子、圣女果各适量

● 调料 盐、咖喱粉、熟芝麻、葱丝、食用油各适量

● 做法

① 橙子洗净，切片摆盘；圣女果洗净，对半切开，摆盘。

② 锅入油烧热，先下入红椒丝、火腿丝略炒，再下入河粉翻炒至熟，倒入所有调味料炒匀即可。

## 🍴 火腿丝炒米粉

● 原料 米粉500克，火腿丝100克，葱丝50克

● 调料 盐3克，味精2克，食用油适量

● 做法

① 将米粉放入水中浸泡至软。

② 将火腿丝、葱丝改刀成细丝。

③ 锅入油烧热，下入米粉炒散后，再加入火腿丝、葱丝一起炒熟，最后调入盐、味精炒匀即可。

## 🍴 南瓜炒米粉

● 原料 南瓜、米粉各250克，鲜虾仁、猪肉各200克

● 调料 葱花适量，盐3克，食用油适量

● 做法

① 南瓜削皮，切开，去籽洗净，刨成丝；猪肉洗净，切成肉丝；虾仁洗净。

② 油锅加热，入虾仁炒至发白，先盛起，续下肉丝炒香；将南瓜加入炒匀，加盐调味，再加水将南瓜煮熟；加入米粉拌炒至收汁，再下虾仁、葱花炒匀即成。

## 🍴 蛋炒米粉

● 原料 米粉40克，胡萝卜丝100克，鸡蛋1
个，韭菜段、豆芽各少许
● 调料 盐2克，酱油4克，食用油适量
● 做法
① 米粉泡发好后捞出，沥干水分；鸡蛋打
散，拌匀；豆芽洗净，切段。
② 油锅烧热，倒进鸡蛋炸成蛋花，放入米粉
炒熟，加盐、酱油调味，盛入盘中。
③ 韭菜、豆芽、胡萝卜丝焯水后捞出，撒入
盘中即可。

## 🍴 兰苞粉丝

● 原料 粉丝40克，包菜100克
● 调料 盐3克，辣椒油4克
● 做法
① 粉丝泡发15分钟；包菜洗净，切成丝。
② 锅注水烧开，下入粉丝煮透，捞出，沥干
水后放入盘中；将包菜入开水锅中稍焯，捞
出入盘。
③ 加盐、辣椒油调味，即可食用。

## 🍴 香炒粉丝

● 原料 泡发米粉丝150克，肉末60克，泡发
黑木耳、胡萝卜、圆白菜各适量
● 调料 盐、生抽、食用油各适量，青椒、
红椒各15克
● 做法
① 黑木耳洗净，切末；胡萝卜、圆白菜、青
椒、红椒均洗净，切丝。
② 炒锅烧热，先炒熟肉末，盛出，再倒入切
好的材料翻炒；粉丝入锅同炒至熟，倒入肉
末，调入盐、生抽炒匀即可。

## 干炒牛肉河粉

●原料 河粉皮150克，熟牛肉90克，辣椒少许
●调料 盐、五香粉、酱油、食用油各适量，葱段少许
●做法
①河粉皮泡发，捞出沥水，切成1厘米宽的长条；辣椒去籽，洗净切细条；熟牛肉切好。
②油锅烧热，下入河粉翻炒一会儿，倒入辣椒，加酱油调色，炒至熟，加盐、五香粉调味后入盘，撒上葱段、熟牛肉即可。

## 洋葱炒河粉

●原料 河粉皮100克，牛肉200克，洋葱片、豆芽各适量，熟芝麻少许
●调料 盐、辣椒粉各3克，醋4克，葱段15克，食用油适量
●做法
①河粉皮泡发，捞出沥干，切成小段；牛肉洗净，切片；豆芽洗净，切段。
②油锅烧热，下牛肉炒至五成熟，放河粉皮、洋葱、豆芽翻炒，倒入葱段炒匀，加盐、辣椒粉、醋调味，盛入盘中，撒上熟芝麻即可。

## 牛肉炒河粉

●原料 水发河粉250克，牛肉200克
●调料 盐3克，辣椒粉、醋各5克，葱段少许，食用油适量
●做法
①水发河粉沥干后，剪成细条；牛肉洗净，切片。
②锅注油烧热，放入牛肉爆香，倒入河粉炒熟，下葱段翻炒1分钟。
③加盐、辣椒粉、醋调味，盛入盘中即可。

## 🍴 金湘玉飘香粉丝

●原料　粉丝、洋葱各50克，包菜100克，干椒少许

●调料　盐、白醋、食用油各适量

●做法

①粉丝泡发，捞出沥干水分；洋葱去皮，洗净切丝；包菜洗净，切丝；干椒洗净切段。

②油锅烧热，炝香干椒，下包菜、洋葱翻一会儿，倒入粉丝炒熟。

③加盐、白醋调味后，盛入盘中即可。

## 🍴 牛肉河粉

●原料　河粉皮100克，卤牛肉片150克，洋葱少许

●调料　盐2克，醋、香油各3克，辣椒粉4克，食用油适量

●做法

①河粉皮泡发，捞出沥水，切成细条；洋葱洗净，切圈。

②油锅烧热，放河粉皮炒熟，加盐、醋、辣椒粉调味，倒入盘中；洋葱入开水中微焯，捞入盘中；将卤牛肉片摆在盘中，淋入香油即可。

## 🍴 鸡蛋河粉

●原料　河粉皮100克，牛肉150克，鸡蛋1个

●调料　盐、生抽、辣椒油、葱白段、熟芝麻、食用油各适量

●做法

①河粉皮泡发20分钟，捞出沥水，切成长条；牛肉洗净，切片；鸡蛋打散，加盐搅拌成蛋汁，煎成饼状，切丝。

②油锅烧热，下牛肉炒香，倒入河粉翻炒至熟，加盐、生抽、辣椒油调味，起锅放入盘中，撒上葱白段、熟芝麻、鸡蛋丝即可。

## 川香凉粉

●原料 红薯粉300克，黄瓜100克，花生仁少许

●调料 盐3克，辣椒粉5克，辣椒油10克，葱花、食用油各适量

●做法

①红薯粉用水洗去杂物，切成条状；黄瓜洗净，切成丝；花生仁洗净，沥干。

②将切好的红薯粉堆放在盘中，撒上黄瓜丝。

③油锅烧热，下入花生仁炸熟，入盐、辣椒粉、辣椒油调味，起锅淋入盘中，撒上葱花即可。

## 怪味拉皮

●原料 拉皮3张，怪味豆1袋，红椒少许

●调料 盐、辣椒油各3克，醋5克，老干妈酱25克，葱花少许，食用油适量

●做法

①拉皮洗净切成细条状；红椒去蒂，洗净切圈；怪味豆撕开，取出。

②将拉皮放入开水锅中焯熟，捞起入盘；净锅注油烧热，调入盐、辣椒油、醋、老干妈酱成味汁，淋入盘中，撒怪味豆、红椒和葱花即可。

## 东北大拉皮

●原料 拉皮3张

●调料 辣椒酱、芝麻酱、食用油各适量，蒜、葱各少许

●做法

①拉皮切成宽度为2厘米的条；蒜去皮，洗净切蓉；葱洗净，切花。

②锅中加水烧开，下入拉皮稍焯，捞出入盘。

③油锅烧热，炝入蒜，加辣椒酱调味，倒入盘中，淋入芝麻酱，撒上葱花即可。

# 大拌拉皮

- 原料　黄瓜丝250克，拉皮120克
- 调料　白糖10克，盐3克，醋、味精、大蒜、生抽、青椒末、葱、香菜、辣椒油各适量
- 做法

①香菜、葱、大蒜均洗净，切末；拉皮冲洗干净，切段，温水浸泡。

②将所有调味料装入碗中，拌匀。

③将拉皮和黄瓜丝放入装有调味料的碗里，拌匀即可。

# 凉皮

- 原料　小麦面团250克，洗好的菠菜、黄瓜丝、黄豆芽各适量
- 调料　盐、味精各3克，生抽、醋各适量
- 做法

①黄豆芽、菠菜焯熟；面团入凉水盆中，慢慢揉动直至面团中的淀粉逐渐析出。将面水放置沉淀后倒去清水，面水舀入刷过油的盆中煮5分钟出锅。

②将煮好的面水擀成面皮，切丝，和其余材料及所有调味料拌匀即可。

# 豆芽米粉

- 原料　米粉50克，豆芽100克
- 调料　盐2克，辣椒油10克，蒜苗少许，食用油适量
- 做法

①米粉泡20分钟，捞起沥干；豆芽洗净，切段；蒜苗洗净，切段。

②油锅烧热，下入豆芽翻炒，倒入米粉炒至八成熟时，放入蒜苗炒至熟。

③加盐、辣椒油炒匀，入盘即可。

## ✖ 川味拉皮

● 原料　拉皮150克，黄瓜80克

● 调料　盐3克，炒白芝麻、红椒、香油、白糖、胡椒、豆瓣酱、高汤各适量

● 做法

①拉皮用沸水焯一下，切段，再放入凉开水中浸透后捞出，沥水装碗。

②黄瓜、红椒均洗净切丝，摆入装有拉皮的碗内；豆瓣酱、胡椒、白糖、高汤、盐、香油倒入锅中调制成酱汁，淋入碗内，撒入白芝麻即可。

## ✖ 泡菜炒粉条

● 原料　粉条150克，泡圆白菜30克，青、红椒各20克

● 调料　盐3克，干辣椒10克，香油、鸡精、食用油各适量

● 做法

①泡圆白菜洗净切丝；青、红椒均洗净，切丝；干辣椒洗净切段；粉条用热水泡软，捞出备用。

②油锅烧热，爆香干辣椒，下入粉条、泡圆白菜、青红椒翻炒至熟，加盐、鸡精调味，淋上香油即可。

## ✖ 过桥米线

● 原料　过桥米线300克，鱼片、豆苗、平菇、猪肉、牛肉、鸡蛋、海苔、虾米、凤爪、鸭掌、榨菜、烟笋、五花肉、火腿、毛肚、豆干、香菜、虾仁、豆芽各适量

● 调料　鸡汤500克

● 做法

①除米线外，所有材料分别洗净处理后装碟。

②鸡汤入锅煮沸，米线放入鸡汤内煮熟，依据个人口味添加材料烫熟同食即可。

## 🍴 金汤肥牛河粉

● 原料　河粉350克，牛肉200克，尖椒、泡椒各少许
● 调料　盐3克，上汤1000克，食用油适量
● 做法
① 牛肉洗净，斩件后飞水；尖椒洗净，切段；泡椒去蒂，洗净。
② 油锅烧热，倒入上汤，下入泡椒、牛肉烧开，放入河粉煮熟。
③ 加盐调味，撒上尖椒即可。

## 🍴 鸡蛋炒米粉

● 原料　水发米粉150克，鸡蛋1个，虾仁适量
● 调料　盐、味精各2克，葱花少许，食用油适量
● 做法
① 水发米粉沥干水分；鸡蛋打散；虾仁洗净。
② 锅注水烧开，下入虾仁汆熟，捞起备用；净锅入油烧热，下入鸡蛋煎至六成熟，倒下水发米粉，炒匀，再放进虾仁翻炒1分钟。
③ 加盐、味精调味，撒上葱花即可。

## 🍴 西红柿肉酱通心粉

● 原料　通心粉150克，洋葱、西红柿各20克，绞肉50克，芹菜叶适量
● 调料　番茄酱20克，奶酪丁、橄榄油各少许
● 做法
① 西红柿洗净，剥皮切丁；芹菜叶洗净切碎；洋葱剥皮，洗净切丁。
② 通心粉煮熟后装盘，加入少许橄榄油搅拌。
③ 洋葱入锅爆香，加入番茄酱、西红柿丁、绞肉、奶酪丁拌炒熟，浇在通心粉上，撒上芹菜叶末即可。

## 🍴 肉末炒粉皮

● 原料 猪肉50克，粉皮150克

● 调料 盐3克，青椒、红椒各15克，食用油、大蒜、生抽、陈醋各适量

● 做法

① 青椒、红椒均洗净，去籽，切丁；大蒜、猪肉分别洗净，均剁成末；粉皮洗净切段。

② 油锅烧热，倒入蒜末、陈醋煸香，下入肉末同炒，再下入粉皮翻炒。

③ 炒熟后，调入盐、生抽、青红椒丁炒匀。

## 🍴 海带粉丝

● 原料 熟蛤肉150克，黄瓜丝100克，胡萝卜丝50克，海带粉丝40克

● 调料 盐、醋、蛋黄酱、芥末粉各适量

● 做法

① 蛤肉撕成细条放入盘中；海带粉丝洗净，浸水10分钟。

② 锅中倒入水烧开，分别下入海带粉丝、黄瓜丝、胡萝卜丝烫熟，捞起沥水后入盘。

③ 调盐、醋、蛋黄酱、芥末粉拌匀即可。

## 🍴 带子拌菠菜粉

● 原料 菠菜、意大利粉各150克，带子、面粉各10克，洋葱1个

● 调料 盐3克，胡椒3克，牛油50克

● 做法

① 菠菜洗净切段；洋葱洗净切碎；意大利粉用煲煮熟，捞出沥干水分。

② 牛油烧热，放洋葱、菠菜一起炒香。

③ 锅中再加入意大利粉一起炒熟，调入盐、胡椒炒匀装盘；将带子裹上面粉扒熟，摆在意大利粉上即可。

## Part 4

# 炒饭、拌饭、盖
# 浇饭，新手一样
# 做得精彩

　　米饭是人们日常生活中的常见主食，特别是对南方人来说，米饭就是日常饮食的主角。米饭除了以搭配各种炒菜食用外，还可稍加辅料拌炒，就能为一道单独的美味，例如蛋炒饭。

　　米饭有不同的吃法，有炒饭、盖浇饭、饭团、拌饭等。本章主要介绍各种炒饭、盖浇饭、饭团、拌饭的简单做法，相信您一看就会做。再加上精美的图片，肯定能让您一看就有食欲。

# 炒饭 ▶

## 🍴 小鱼干蔬菜炒饭

● 原料　米饭1碗，小鱼干15克，青红椒、胡萝卜、洋葱、芝麻各适量

● 调料　盐、酱油、白糖各少许，食用油适量

1. 把小鱼干放在筛网中轻轻摇晃，去掉小鱼干渣，洗净。

2. 胡萝卜洗净，切丁。

3. 洋葱、青椒和红椒均洗净，切丝后再改成丁。

4. 油烧热后，放入小鱼干、胡萝卜、青红椒和洋葱大火翻炒。

5. 倒入米饭，改中火炒至米饭呈黄色。

6. 加入盐、酱油、白糖调味，再放入芝麻翻炒匀即可。

# 🍴 扬州炒饭

- ●原料　米饭500克，鸡蛋2个，青豆50克，玉米粒40克，虾仁40克，三明治火腿粒40克
- ●调料　盐、白糖、生抽、葱花、食用油各适量
- ●做法

①鸡蛋打散后均匀拌入米饭中；青豆、玉米粒、虾仁洗净，与三明治火腿粒一起焯熟后捞起。

②锅中油烧热，放入拌有鸡蛋的米饭在锅中翻炒，加入焯熟的青豆、玉米粒、虾仁、三明治火腿粒在锅中翻炒，再把所有调味料加入饭中炒匀，加入葱花翻炒即可。

# 🍴 西湖炒饭

- ●原料　米饭1碗，虾仁50克，笋丁20克，青豆20克，火腿5片，鸡蛋2个
- ●调料　葱花少许，盐3克，味精2克，食用油适量
- ●做法

①青豆、虾仁均洗净；鸡蛋打散。

②炒锅置火上，下虾仁、笋丁、青豆、火腿、鸡蛋液炒透。

③再加米饭炒熟，入调味料翻匀，撒上葱花即可。

# 🍴 干贝蛋炒饭

- ●原料　白饭1碗，干贝3粒，鸡蛋1个
- ●调料　盐2克，葱1根，食用油适量
- ●做法

①干贝洗净，以清水泡软，剥成细丝；鸡蛋打散；葱洗净切花。

②油锅加热，下干贝丝炒至酥黄，再将白饭、蛋液倒入炒散，并加盐调味。

③炒至饭粒变干且晶莹发亮时，撒葱花即可。

# 🍴 鱼丁炒饭

- ●原料　白北鱼1片，鸡蛋1个，白饭1碗
- ●调料　盐2克，葱2根，食用油适量
- ●做法
①鱼片洗净，去骨切丁；鸡蛋打成蛋汁；葱去根须和老叶，洗净后切葱花。
②炒锅加热，鱼丁过油，再下白饭炒散，加盐、葱花提味。
③淋入蛋汁，炒至收干即成。

# 🍴 西式炒饭

- ●原料　米饭150克，胡萝卜、青豆、玉米粒、火腿、叉烧各25克
- ●调料　茄汁、糖、味精、盐、食用油各适量
- ●做法
①胡萝卜洗净切粒；火腿切粒；叉烧切粒后焯水；青豆、玉米粒洗净。
②油倒入锅中，将胡萝卜、青豆、玉米粒、火腿、叉烧过油炒，加入茄汁、糖、味精、盐调入味。
③下入米饭一起炒匀即可。

# 🍴 香芹炒饭

- ●原料　米饭150克，香芹100克，青豆20克，鸡蛋1个，胡萝卜80克
- ●调料　盐3克，鸡精3克，姜10克，食用油适量
- ●做法
①将米饭下油锅中炒匀待用。
②胡萝卜、香芹、姜分别洗净切粒；鸡蛋去壳，加盐打散。
③油烧热，放鸡蛋液炒熟后装盘；锅再烧热，下油炒香姜、青豆、香芹、胡萝卜，放熟鸡蛋和米饭炒匀，最后加盐、鸡精调味即可。

## 干贝蛋白炒饭

●原料　干贝50克，蛋清3个分量，白菜叶50克，白米饭1碗

●调料　盐、味精各3克，料酒、葱各5克，姜片3片，食用油适量

●做法

①干贝洗净泡软后加入料酒、姜片蒸5个小时后取出，撕碎备用。

②蛋清加入少许盐、味精搅匀，炒熟；白菜叶洗净，切成细丝；葱择洗净，切成花。

③锅入油烧热，放入白菜丝、蛋清、干贝，调入盐炒香，加入白米饭炒匀，撒上葱花。

## 碧绿蟹子炒饭

●原料　菜心50克，鸡蛋2个，蟹子20克，米饭1碗

●调料　盐3克，味精2克，食用油适量

●做法

①将菜心留梗，洗净切成粒，炒熟备用；蟹子洗净。

②鸡蛋打入碗中，调入些许盐、味精搅匀。

③锅入油烧热，放入蛋液炒至七成熟，放入米饭炒干，加调料调味，放入蟹子、菜粒炒匀即成。

## 泰皇炒饭

●原料　米饭1碗，虾仁50克，蟹柳50克，菠萝1块，芥蓝2根，洋葱1个，鸡蛋1个

●调料　青椒1个，红椒1个，泰皇酱、食用油各适量

●做法

①青椒、红椒去蒂，洗净切粒；洋葱洗净切粒；菠萝去皮切粒；芥蓝洗净，切碎备用。

②锅入油烧热，放入鸡蛋液炸成蛋花，将所有原材料入锅爆炒至熟，锅中加米饭炒香，加泰皇酱炒匀即可。

## 🍴 三文鱼紫菜炒饭

●原料　米饭、三文鱼各100克，紫菜20克，菜粒30克

●调料　盐3克，姜10克，食用油适量

●做法

①姜洗净切末；紫菜洗净切丝；菜粒入沸水中焯烫，捞出沥水。

②锅入油烧热，放入三文鱼炸至金黄色，捞出沥油。

③锅中留少许油，放入米饭炒香，调入盐，加入三文鱼、菜粒、紫菜、姜末炒香即可。

## 🍴 三文鱼炒饭

●原料　米饭250克，三文鱼100克，生菜、豌豆各少许

●调料　盐3克，料酒5克，葱花7克，食用油适量

●做法

①三文鱼洗净，汆水后切颗粒状，用料酒拌匀；生菜、豌豆均洗净，焯熟。

②起油锅烧热，放入三文鱼滑炒至断生，倒入米饭、豌豆翻炒均匀，加盐调味。

③生菜铺于盘中，倒入米饭，撒上葱花即可。

## 🍴 海鲜炒饭

●原料　咸蛋黄2个，露笋、虾仁、鲜鱿、石斑鱼、带子各25克，鸡蛋1个，米饭200克

●调料　盐3克，鸡精5克，胡椒粉少许，食用油适量

●做法

①将咸蛋黄蒸熟后取出，搅成蛋碎；将所有海鲜洗净切粒，过油；露笋洗净，切段焯水；鸡蛋去壳，打散成为蛋汁。

②锅入油烧热，淋入蛋汁炒匀，加米饭、咸蛋黄及剩余原材料炒匀，再加调味料炒匀即可。

## 什锦炒饭

●原料　米饭150克，腊肉、腊肠、叉烧、虾仁、牛肉各25克，生菜10克，鸡蛋1个
●调料　盐3克，鸡精2克，葱段10克，食用油适量
●做法
①腊肉、腊肠、叉烧、牛肉、虾仁洗净切粒，先过水再过油至熟；生菜洗净切丝；鸡蛋打匀成蛋液。
②锅入油烧热，放生菜丝、葱段热锅，加蛋液炒熟，下米饭、腊肉粒、腊肠粒、叉烧粒、牛肉粒、虾仁粒炒两分钟，加盐、鸡精调味即可。

## 彩色虾仁饭

●原料　当归、黄芪、枸杞子、红枣各8克，米150克，虾仁、冷冻三色蔬菜各100克，蛋液50克
●调料　葱末6克，盐、米酒、食用油各适量
●做法
①将黄芪、枸杞子、红枣、当归洗净，加水煮滚，与洗净的米共煮熟；虾仁洗净加盐、米酒略腌。
②油烧热，倒入蛋液炒熟盛出；再热油锅，虾仁入锅炒熟盛出，以余油爆香葱末，放入米饭炒散，加盐和虾仁、三色蔬菜、蛋炒匀。

## 柏子仁玉米饭

●原料　米100克，玉米粒、柏子仁、香菇丁、青豆、胡萝卜丁、土豆丁、肉丁各适量
●调料　盐、酱油各适量
●做法
①柏子仁洗净压碎包入布包，用4杯水煎煮成1杯水，与洗净的米共煮熟；青豆洗净烫一下；肉丁入锅爆香至变色。
②将洗净的玉米粒、胡萝卜丁、土豆丁和少许水煮至水干，加香菇丁、肉丁、青豆拌炒，加入盐、酱油，把米饭倒入拌炒熟即可。

## 🍴 辣白菜炒蛋饭

●原料　米饭300克，辣白菜150克，鸡蛋1个，黄瓜片、熟芝麻各少许

●调料　盐3克，辣椒粉、剁椒酱、味精、食用油各适量

●做法

①米饭盛出待凉；辣白菜洗净切细。

②油烧热，下入辣白菜炒匀，倒入米饭炒至上色，调入调味料翻炒均匀，盛入盘中。

③净锅注油烧热，打入鸡蛋煎至八成熟，盛在米饭上，撒上熟芝麻、黄瓜片即可。

## 🍴 乡村泡菜炒饭

●原料　米饭300克，泡菜100克，胡萝卜适量

●调料　盐、味精、甜椒酱、葱花、食用油各适量

●做法

①泡菜、胡萝卜洗净，切碎片。

②起油锅，放泡菜、胡萝卜炒香，加米饭翻炒均匀，改小火，炒至水干。

③加盐、味精、甜椒酱调味，盛入盘中，撒上葱花即可。

## 🍴 湘味蛋炒饭

●原料　米饭300克，鸡蛋2个，腊肉少许

●调料　盐3克，味精2克，剁椒酱15克，胡椒粉、葱花、食用油各适量

●做法

①鸡蛋打入碗中搅成蛋汁；米饭上蒸笼蒸透，取出备用；腊肉洗净，切丁。

②油锅烧热，爆香腊肉，改中火，倒入蛋汁煎至五成熟，倒入米饭，翻炒均匀。

③加盐、味精、剁椒酱、胡椒粉调味，盛入盘中，撒上葱花即可。

# 芽菜肉丝炒饭

●原料　米饭300克，芽菜、猪肉各100克
●调料　盐3克，味精1克，料酒、辣椒粉、葱花、食用油各适量
●做法
①芽菜洗净，切细；猪肉洗净，切成细丝，用料酒腌渍一会儿。
②热锅下油，下猪肉炸至白色，放入芽菜，炒至七成熟，倒入米饭。
③加入盐、味精、辣椒粉和葱花，翻炒均匀即可。

# 咖喱炒饭

●原料　米饭300克，瘦肉丝100克，胡萝卜少许
●调料　盐、咖喱粉各适量，辣椒粉10克，葱、食用油各适量
●做法
①胡萝卜洗净，切粒；葱洗净，切花。
②油锅烧热，入瘦肉丝炒香，倒入胡萝卜、米饭炒透。
③加盐、咖喱粉、辣椒粉调味，装盘，撒上葱花即可。

# 金素叉烧炒饭

●原料　米饭250克，叉烧100克，鸡蛋1个，西红柿片、豌豆、胡萝卜丁各少许
●调料　盐、咖喱粉各3克，食用油适量
●做法
①豌豆洗净；叉烧改刀切丁。
②油锅烧热，打入鸡蛋，煎一会儿，倒入米饭炒匀，加盐、咖喱粉调味，起锅装盘。
③锅入油，放豌豆、胡萝卜翻炒，放叉烧炒熟，加盐炒匀，盛在米饭上，用西红柿片摆盘即可。

**蒸饭** ▶

## 🍴 蛤蜊牛奶饭

- ●原料　蛤蜊250克，鲜奶150克，白饭1碗
- ●调料　盐2克，香料少许
- ●做法

①蛤蜊泡薄盐水，吐沙后洗净，入锅煮至开口，挑起蛤肉备用。

②白饭倒入煮锅，加入鲜奶和盐，以大火煮至快收汁时，将蛤肉加入同煮至收汁，盛起后撒上香料即成。

## 🍴 鱼丁花生糙米饭

- ●原料　糙米100克，花生米50克，鳕鱼片200克
- ●调料　盐2克
- ●做法

①糙米、花生米分别淘净，以清水浸泡2小时后沥干，盛入锅内，锅内加3杯半水。

②鱼洗净切丁，加入锅中，并加盐调味。

③盖上锅盖煮至开关跳起，续焖10分钟即成。

## 🍴 竹叶菜饭

- ●原料　干竹叶3片，白米100克，油菜2株，胡萝卜20克，海藻干适量
- ●做法

①竹叶刷净，入沸水中烫一下后捞起，铺于电锅内锅底层。

②油菜去头，洗净切细；胡萝卜削皮洗净，切丝。

③白米淘净，与油菜、胡萝卜和海藻干混和，倒入电锅中，加1杯半水，煮至开关跳起即成。

## 🍴 紫米菜饭

●原料　紫米1杯，包菜200克，胡萝卜丝少许，鸡蛋1个

●调料　葱丝适量

●做法

①紫米淘净，放进电锅内锅，加水浸泡；包菜洗净，切粗丝；将包菜、胡萝卜丝在米里和匀，外锅加1杯半水煮饭。

②鸡蛋打匀，用平底锅煎成蛋皮，切丝。

③待电锅开关跳起，续焖10分钟再掀盖，将饭菜和匀盛起，撒上蛋丝、葱丝即成。

## 🍴 什锦炊饭

●原料　糙米1杯，燕麦1/4杯，生香菇4朵，猪肉丝50克，豌豆仁少许

●调料　高汤2杯

●做法

①糙米和燕麦洗净，浸泡于足量清水中约1小时，洗净后沥干水分；香菇洗净，切小丁备用。

②锅中倒入高汤，加入糙米、燕麦、香菇丁、猪肉丝与洗净的豌豆仁，拌匀蒸熟即可。

## 🍴 川贝母蒸梨饭

●原料　川贝母10克，水梨1个，糯米1/2杯

●做法

①梨子洗净，切成两半，挖掉梨心和部分果肉备用。

②川贝母和糯米淘净，挖出的梨肉切丁，将其混合倒入梨内，盛在容器里移入电锅。

③外锅加1杯水，蒸到开关跳起即可食用。

## 🍴 南瓜饭

●原料 香米200克，南瓜、猪肉丁、虾仁、
鱿鱼丝、干贝、胡萝卜、香菇丝各适量
●调料 酱油、盐、糖、葱花、食用油各适量
●做法
①香米洗净泡30分钟捞出；南瓜、胡萝卜均
去皮洗净切丁；虾仁、鱿鱼丝、干贝洗净。
②油锅烧热，放猪肉炒出油，再入香菇、虾
仁、鱿鱼丝、干贝爆香，放胡萝卜丁、香米
炒干炒透。
③放南瓜、开水，调入盐、糖、酱油煮干焖
透，撒葱花即可。

## 🍴 原盅腊味饭

●原料 米500克，腊肉、香肠各150克
●调料 盐2克
●做法
①米淘洗干净；腊肉、香肠分别洗净后切成
薄块。
②米加水上火煮成饭。
③饭上再加入腊味、盐一起煮至有香味即可。

## 🍴 爽口糙米饭

●原料 粳米100克，糙米100克，红枣50
克，包菜丝适量
●做法
①粳米、糙米一起泡发洗净。
②红枣洗净后去核，切成小块。
③将粳米、糙米与红枣一起上锅蒸约半小时
至熟，撒上包菜丝即可。

# 🍴 桂圆饭

- ●原料　大米200克，桂圆少许
- ●调料　白糖适量
- ●做法

①大米洗净，放入电锅中加水煮成浓稠状，备用。

②桂圆去壳洗净，放入碗中，再将米饭舀在碗中；将碗放入蒸锅，蒸至水干，取出扣在盘中。

③将白糖用温开水溶化，淋入盘中即可。

# 🍴 炼奶香菇饭

- ●原料　大米200克，香菇50克
- ●调料　炼奶适量
- ●做法

①将大米装入碗中，加适量清水清洗，再浸泡半小时；香菇洗净后切丁。

②将炼奶淋在切好的香菇上，搅拌均匀。

③将香菇倒入装有大米的碗中，入蒸锅蒸20分钟至熟即可。

# 🍴 双枣八宝饭

- ●原料　江苏圆糯米、豆沙各200克，红枣、蜜枣、瓜仁、枸杞子、葡萄干各30克
- ●调料　白糖100克
- ●做法

①糯米洗净，用清水浸泡2小时，捞出入锅蒸熟。

②取碗，涮上白糖，在碗底放上洗净的红枣、蜜枣、瓜仁、枸杞子和葡萄干，铺上糯米饭。

③放入豆沙，再盖上一层糯米饭，上笼蒸30分钟，取出后翻转碗倒在碟上即可。

## 🍴 玫瑰八宝饭

●原料 上等糯米50克，玫瑰豆沙100克，西湖蜜饯50克

●调料 白糖50克

●做法

①糯米洗净备用。

②锅中放入水，将糯米煮熟后取出，放凉后拌入白糖，包入玫瑰豆沙、西湖蜜饯盛入碗内。

③将八宝饭放入蒸笼内蒸2～3分钟，取出即可食用。

## 🍴 菠萝八宝饭

●原料 大米、菠萝各200克，银耳、枸杞子各适量

●调料 白糖、藕粉、樱桃各少许

●做法

①大米、枸杞子泡发洗净，捞出；菠萝去皮洗净切片，放入碗中；银耳洗净撕片；樱桃洗净。

②将大米填入碗中，注入适量水，上蒸锅蒸熟，取出扣在盘中；汤煲中注入水烧热，倒入枸杞子、藕粉、银耳、白糖、菠萝拌匀，用中火煮15分钟，淋入盘中，撒上樱桃即可。

## 🍴 红枣八宝饭

●原料 糯米150克，菠萝、去核红枣、去心莲子、猕猴桃、黄桃各适量，樱桃1颗

●调料 糖、蜂蜜各少许

●做法

①糯米洗净沥干；菠萝取肉，洗净切片；红枣、莲子、樱桃均洗净；猕猴桃、黄桃均去皮，洗净，切块状。

②将各式水果摆入碗中，铺上糯米；将糖、蜂蜜用适量温开水拌匀，倒入碗中。

③上蒸锅，用中火蒸糯米至熟，取出倒扣在盘中。

## 八宝高纤饭

●原料　黑糯米4克，长糯米10克，糙米10克，白米20克，大豆8克，黄豆10克，燕麦8克，莲子5克，薏仁5克，红豆5克

●做法

①全部材料洗净放入电锅内锅中，加水盖满材料，浸泡1小时后沥干。

②内锅加半杯水，外锅加1杯水，煮至饭熟即成。

## 南瓜八宝饭

●原料　南瓜1个，糯米250克，红枣150克，生菜、樱桃、熟腰果各少许

●调料　白糖少许

●做法

①糯米、红枣均洗净，沥干；南瓜划上齿形花刀，取下盖，掏空瓤，洗净后放入糯米和红枣，再撒上一层白糖，扣好；樱桃、熟腰果、生菜均洗净，备用。

②将南瓜放入蒸锅，隔水蒸至熟，取出，与其余食材一起摆入盘中即可。

##  豆沙糯米饭

●原料　糯米250克，豆沙100克，红枣、葡萄干、西瓜子各适量

●调料　白糖、食用油各适量

●做法

①糯米洗净，浸水发泡片刻，捞出沥干；红枣、葡萄干均洗净；西瓜子去壳取肉。

②油烧热，放入糯米，加白糖炒匀，盛出。

③取小碗，将豆沙、红枣、葡萄干、西瓜子放入碗底，撒入糯米，上蒸锅蒸熟，取出后翻转碗扣入盘中即可。

## 🍴 菠萝蒸饭

●原料 泰国香米100克，菠萝（凤梨）1个，葡萄干少许
●调料 白糖20克
●做法
①泰国香米洗净，浸水稍泡，捞出沥干水分；菠萝用水冲洗，沥干，削去顶部，挖出肉；葡萄干洗净。
②将挖出的菠萝肉切丁，与泰国香米、葡萄干放入菠萝里移入电锅煮透。
③加白糖调味后，摆入盘中即可。

## 🍴 糯米蒸南瓜

●原料 糯米200克，南瓜150克，生菜适量
●调料 蜂蜜少许
●做法
①糯米洗净，泡发10分钟左右，捞出沥干；南瓜去皮、瓤，洗净，切成块状；生菜洗净，摆盘。
②将南瓜在碗中摆好，再填入糯米，淋上蜂蜜。
③将碗放入蒸锅中，隔水蒸糯米至熟，倒在生菜上即可。

## 🍴 蜜汁向日葵

●原料 糯米250克，蜜枣150克，黄瓜片、樱桃各适量
●调料 白糖10克
●做法
①糯米洗净，沥干；蜜枣洗净，对半切开；樱桃去蒂，洗净。
②将蜜枣放入碗中，倒入糯米，注入适量水；将碗放入蒸锅蒸至熟。
③将黄瓜片摆放盘中，再将碗倒扣在盘中，最后将白糖用温开水溶化，淋在盘中，放上樱桃即可。

# 🍴 当头蟹饭

●原料　白米200克，雪里蕻100克，蟹1只
●调料　盐、料酒各适量
●做法

①白米洗净；雪里蕻洗净，切细；蟹收拾干净，加料酒、盐腌渍入味。

②将白米、雪里蕻、盐混合拌匀，放入盘中码好，将蟹放置其上。

③将盘放入蒸锅，蒸至熟透，取出即可。

# 🍴 果味糯米饭

●原料　糯米200克，西瓜、黄桃、胡萝卜丁、红枣、黑枣各适量
●调料　白糖、蜂蜜各少许
●做法

①糯米洗净，浸泡后捞出；红枣、黑枣洗净，切丝；西瓜、黄桃均洗净取果肉，切丁。

②糯米蒸至五成熟，取出与胡萝卜、白糖拌匀，在盘中码成塔形，将红枣、黑枣嵌入糯米中，入蒸锅蒸10分钟后取出；西瓜、黄桃用蜂蜜拌匀，淋入盘中。

# 🍴 水果糯米饭

●原料　糯米150克，西瓜、猕猴桃、橙子、紫菜、腰果、红豆、蜜枣各适量
●调料　蜂蜜适量
●做法

①糯米洗净，泡发后沥干；水果类食材均洗净取出果肉，切块；紫菜洗净，切碎片；腰果、红豆均洗净，泡发；蜜枣洗净，切丝。

②将糯米与腰果、红豆、蜜枣、猕猴桃拌匀，在盘中码成塔形，放入蒸锅蒸熟，取出；将蜂蜜、西瓜、橙子用少许温开水拌匀，淋入盘中，以紫菜点缀即可。

拌饭
▶

## 🍴 小黄瓜拌饭

●原料　米饭450克，小黄瓜300克，去皮的桔梗200克，盐4克，牛肉120克，泡发的蕨菜200克，鸡蛋120克，海带片3克

●调料　油18克，糖6克，芝麻盐2克，胡椒粉3克，芝麻油4克，辣椒酱95克，酱油适量，葱末9克，蒜泥15克，碎牛肉20克

将所有材料准备好。

小黄瓜洗净切丝，用盐稍腌渍；桔梗洗净切丝。

牛肉洗净切丝，用酱油腌渍；蕨菜洗净切段，用蒜泥腌渍。

油热后，桔梗入锅炒熟，盛出；鸡蛋煎成黄白蛋皮后切丝。

用余油依次炒香蕨菜、牛肉、黄瓜丝、海带片，盛出。

剩余调料倒入锅中炒成辣酱盛出；在米饭上摆上所有材料。

# 八宝拌饭

● 原料　糯米270克，红枣20克，栗子45克，松仁35克，盐水适量

● 调料　酱油、八宝饭沙司（糖、淀粉）、黄糖、桂皮粉、蜂蜜糖、芝麻油各适量

将所需原材料准备好；糯米浸泡后淘洗干净，沥干水。

红枣洗净切片；栗子去壳洗净，切丁；松仁去笠，擦拭干净。

蒸锅中放入糯米蒸熟；另取锅，煮熟红枣备用。

糯米蒸好时趁热将煮红枣的水、盐水及调料放入均匀搅拌。

再放入栗子、红枣、松仁搅拌均匀。

再次将八宝饭放入蒸锅蒸40分钟，凉后取出捏成米团即成。

## 🍴 鸡肉石锅拌饭

●原料 米饭300克，鸡肉90克，胡萝卜丝、西葫芦片、泡菜、花生米各适量

●调料 盐3克，辣椒酱、熟芝麻各10克，食用油适量

●做法

①鸡肉洗净，切块；石锅洗净，将米饭倒入其中；胡萝卜、西葫芦焯熟，与洗净切好的泡菜一起摆放在米饭上。

②净锅注油烧热，放入鸡肉炒香，倒入花生米炒熟，加盐、辣椒酱调味，倒入石锅中，撒上熟芝麻即可。

## 🍴 石锅饭

●原料 米饭1碗，西葫芦、蕨菜、茶树菇、洋葱丝、火腿、胡萝卜丝、豆芽、鸡肉、鸡蛋各适量

●调料 盐、熟芝麻各少许，食用油适量

●做法

①鸡肉洗净切丝；茶树菇洗净炒熟；西葫芦、火腿洗净切片；豆芽、蕨菜洗净切段。

②西葫芦、洋葱、胡萝卜焯水；油锅烧热，放鸡肉、豆芽、蕨菜炒熟，加盐调味；鸡蛋煎熟。

③米饭入砂煲，铺上准备好的食材，撒上熟芝麻即可。

## 🍴 石锅拌饭

●原料 米饭1碗，豆芽、油菜、胡萝卜、牛肉、黑木耳、鸡蛋各适量

●调料 盐、熟芝麻各3克，食用油适量

●做法

①牛肉、胡萝卜洗净切丝；黑木耳洗净，泡发撕片；豆芽洗净；油菜洗净切段。

②黑木耳、豆芽、胡萝卜、油菜焯水；油锅烧热，入牛肉炒香，加盐调味后入盘；锅留油，入鸡蛋煎熟；米饭入瓦煲，将以上食材摆入砂煲中，撒入熟芝麻即可。

# 🍴 牛肉石锅拌饭

●原料 米饭300克，牛肉150克，青红椒、洋葱各适量

●调料 盐、生抽、熟芝麻各少许，食用油适量

●做法

①牛肉洗净，切成小块；青红椒洗净，切成斜片；洋葱去衣，洗净切片。

②油锅烧热，入牛肉炒至八成熟，放入辣椒、洋葱炒熟，加盐、生抽调味，关火。

③将米饭盛入石锅中，将步骤②中的菜起锅倒入，撒上熟芝麻即可。

# 🍴 意式金枪鱼拌饭

●原料 米饭300克，金枪鱼肉100克，圣女果、玉米粒、豌豆、猪肉、葱花各少许

●调料 盐、五香粉、辣椒粉各少许，食用油适量

●做法

①金枪鱼肉洗净，切块；圣女果洗净，切开；玉米粒、豌豆均洗净；猪肉洗净，切丁。

②油锅烧热，放猪肉炸至吐油，放入金枪鱼、玉米粒、豌豆稍炒，倒入米饭炒至快熟时，放入圣女果翻炒，加盐、五香粉、辣椒粉调味，起锅装盘，撒上葱花即可。

# 🍴 黄金火腿拌饭

●原料 大米150克，玉米粒、火腿、泡菜各适量

●调料 盐、胡椒粉、蛋黄酱、食用油各适量

●做法

①大米洗净，沥干水分；玉米粒洗净，去除麸皮；火腿切薄片；泡菜洗净，切小段。

②大米放入电饭锅中，加适量水煮熟；起油锅，倒入玉米粒炒至七成熟，放入火腿、泡菜翻炒，加盐调味后入盘；将煮好的大米饭盛入盘中，加蛋黄酱拌匀，撒上胡椒粉即可。

## 盖浇饭 ▶

### 🍴 大骨汤盖饭

●原料　米饭100克，鸡蛋70克，虾60克，鱿鱼30克，牛肉20克，大骨汤、黄瓜、洋葱、蘑菇、葱各适量

●调料　酱油8克，白糖10克，料酒、盐各适量

1

洋葱、牛肉、黄瓜、鱿鱼均洗净切丝；虾洗净余水，去皮。

2

蘑菇洗净切片；葱洗净切段；鸡蛋打入碗中搅拌成蛋液。

3

将大骨汤、酱油、白糖、料酒和盐放入锅中拌匀成盖饭酱汁。

4

将洋葱、牛肉、鱿鱼、虾、蘑菇、黄瓜和葱都放入锅中煮。

5

待盖饭材料熟后，放入鸡蛋液再煮片刻。

6

将锅中的材料倒在米饭上即可。

## 里脊片盖饭

●原料　里脊肉150克，米饭1碗，小白菜300克
●调料　姜片、葱段、蒜末少许，熟芝麻、盐、酱油、糖各适量
●做法
①葱段、姜片、蒜末加酱油及糖混合成腌料；里脊肉洗净切薄片，放入腌料中静置；将腌好的里脊肉取出，用平底锅煎熟。
②小白菜洗净切段，锅中加水放入盐，将小白菜烫熟后捞起备用；将里脊肉及小白菜铺在米饭上，撒上熟芝麻即可。

## 洋葱牛肉盖饭

●原料　白饭1碗，牛肉丝300克，洋葱100克
●调料　盐2克，酱油、淀粉各8克，食用油适量
●做法
①牛肉丝加盐、酱油、淀粉抓匀；洋葱洗净，切丝。
②油锅加热，将牛肉丝及洋葱炒熟，盛起淋在白饭上即成。

## 鲔鱼盖饭

●原料　白饭200克，海苔片1/2片，水煮鲔鱼80克
●调料　芥末酱3克，无盐酱油2克
●做法
①无盐酱油、鲔鱼放入锅中拌匀；海苔片烤过，切丝备用。
②将一半的鲔鱼加入白饭拌匀装盘。
③将剩余一半的鲔鱼摆在白饭上，撒海苔丝，淋入芥末酱即可食用。

## 黄豆芽杂菜盖饭

●原料 米饭1碗，黄豆芽100克，香菇片、韭菜、粉丝、洋葱丝、胡萝卜丝各15克
●调料 盐、酱油、胡椒粉、蒜蓉、白糖、食用油各适量
●做法
①黄豆芽、粉丝均洗净，焯水，沥水后切段；韭菜择洗净切段。
②油锅烧热，入蒜蓉炝香，放入韭菜、香菇、洋葱、胡萝卜快速翻炒3分钟，倒入黄豆芽、粉丝，用中火炒熟，加盐、白糖、酱油、胡椒粉调味，扣在米饭上即可。

## 泡菜米粉盖饭

●原料 大米100克，泡菜丝、米粉各80克，生菜、葱段、红椒丝适量
●调料 盐、鸡精各2克，胡椒粉、香油各适量，熟黑、白芝麻各5克
●做法
①米粉泡发，焯烫；生菜洗净，沥水摆盘。
②将大米淘洗干净，倒入电饭锅，加水煮熟盛碗内倒扣在生菜上，且撒上黑芝麻；将米粉、泡菜、葱段、红椒丝、熟白芝麻装盘，调入所有调料拌匀，倒在米饭旁即可。

## 牛排盖饭

●原料 牛排200克，米饭1碗，烤紫菜片、洋松茸、萝卜丝、洋葱末、奶油各适量
●调料 酱油、酒、盐、胡椒粉、橄榄油
●做法
①牛排洗净，切段，与橄榄油混合，腌渍片刻；洋松茸洗净，切成薄片。
②奶油入锅，加洋葱末翻炒，加酱油、酒、盐、胡椒粉炒成酱汁。
③锅入橄榄油，先后将牛排、松茸煎至熟透，盛出；将紫菜铺在米饭上，淋上酱料，依次摆入牛排、洋松茸、萝卜丝即可。

## 🍴 海鲜盖饭

●原料　米饭1碗，虾仁100克，蛤蜊10个，胡萝卜20克，鱿鱼、洋葱末、蒜蓉各适量
●调料　蛤蜊酱、辣椒酱、盐、食用油各适量
●做法
①蛤蜊让其吐尽泥沙，洗净；虾仁洗净；胡萝卜洗净切丝；鱿鱼处理干净后切圈。
②油锅烧热，依次下虾仁、鱿鱼圈炸香，捞出，倒入蛤蜊翻炒至熟，加洋葱、蒜蓉、虾仁、鱿鱼、蛤蜊酱、辣椒酱、胡萝卜丝拌炒3分钟。
③加盐炒入味，倒在米饭上即成。

## 🍴 澳门叉烧饭

●原料　丝苗米、叉烧、青菜各100克，咸蛋半个
●调料　叉烧汁适量
●做法
①米洗净后煮熟，用碗盖成圆形放入碟中。
②叉烧切成片状，摆在圆碟边。
③青菜洗净入沸水中焯熟，沥干水摆在饭旁，再摆上咸蛋，淋上叉烧汁即可。

##  海鲜炒杂菜饭

●原料　米饭200克，虾仁、海参、鲍鱼、木耳菜、鹌鹑蛋各适量
●调料　盐3克，料酒10克
●做法
①虾仁、海参、鲍鱼均收拾干净，切开后加料酒、盐腌渍入味；木耳菜洗净。
②净锅入水烧开，分别下入木耳菜、鹌鹑蛋，焯熟后捞出待用；将虾仁、海参、鲍鱼放入蒸锅蒸熟，取出。
③将米饭放入盘中，放上虾仁、海参、鲍鱼、木耳菜，摆上去壳的鹌鹑蛋即可。

## 🍴 豉椒牛蛙饭

● 原料　牛蛙100克，洋葱50克，米150克，青椒、红椒各适量，姜片、葱段、蒜各5克
● 调料　盐、味精各3克，淀粉少许，豆豉8克，食用油适量
● 做法
① 青椒、红椒、洋葱分别洗净切块；蒜去皮，洗净切蓉，牛蛙收拾干净，斩块。
② 米加适量水煮40分钟至熟盛出；油锅烧热，爆香姜、葱、蒜、豆豉，入牛蛙、青椒、红椒、洋葱炒熟，调入盐、味精炒匀，起锅前勾薄芡，盛出摆于饭旁即成。

## 🍴 明炉烧鸭饭

● 原料　鸭肉150克，青菜100克，米饭1碗
● 调料　盐3克，沙姜粉、甘草粉、五香粉各5克，麦芽糖10克，红浙醋20克，蒜蓉8克
● 做法
① 鸭肉洗净改刀，与盐、沙姜粉、甘草粉、五香粉、蒜蓉一起腌渍30分钟后，在麦芽糖与醋调制的糖水中浸泡一会儿，沥干水，放入烤箱中烤35分钟。
② 青菜洗净，焯水至熟，鸭肉扫油切块，将青菜及鸭肉摆于饭旁即可。

## 🍴 烧肉饭

● 原料　五花肉、米各150克，青菜100克
● 调料　盐、五香粉、甘草粉、柱侯酱各适量
● 做法
① 五花肉洗净切条状，放盐、甘草粉、五香粉搅拌腌渍1小时。
② 腌好的肉放入烤箱中烤半个小时后，取出切块；米洗净加水入锅煮40分钟至熟。
③ 青菜洗净焯盐水至熟，和五花肉、饭一起盛盘，柱侯酱盛小碟，摆于一旁作调味料用。

##  豉椒鳝鱼饭

● 原料　洋葱50克，鳝鱼120克，米150克
● 调料　豆豉、姜片、葱段、蒜蓉、淀粉、青椒、红椒、盐、味精、食用油各适量
● 做法
① 青椒、红椒、洋葱均洗净切角；鳝鱼收拾干净切段，汆水；米洗净煮熟。
② 鳝鱼先下油锅中炒熟后铲起；锅中留油，下姜、葱、蒜、豆豉爆炒香，加青椒、红椒、洋葱炒至七成熟，下鳝鱼，加盐、味精调味。
③ 出锅前勾薄芡，与米饭一同盛盘即可。

##  尖椒回锅肉饭

● 原料　青、红尖椒各50克，五花肉200克，米150克，葱段，姜片
● 调料　蒜苗段、豆瓣酱、辣椒酱、生抽、食用油各适量
● 做法
① 五花肉洗净，蒸熟切片，中火炸成回锅肉；青、红尖椒洗净切角，过油至熟；米洗净煮熟。
② 锅留少许油，下葱、姜、蒜苗爆炒香，加五花肉、青、红尖椒炒后加豆瓣酱、辣椒酱炒匀，加生抽调味，起锅，与饭一同装盘。

##  姜葱猪杂饭

● 原料　猪肝、猪心、猪腰、猪肚、猪粉肠各25克，米150克
● 调料　盐、姜片、葱段、老抽、食用油各适量
● 做法
① 猪肝、猪心、猪腰、猪肚、猪粉肠分别洗净，汆水后切条状；米洗净后加水煮熟。
② 锅入油，将猪肝、猪心、猪腰、猪肚、猪粉肠过油炒熟，铲起待用；再热油锅，下姜片、葱段爆香，下猪杂翻炒，加盐、老抽炒入味，即可与米饭一同盛盘。

## 白切鸡饭

● 原料 米150克，整鸡1只，青菜100克
● 调料 黄姜粉、盐、姜末、葱段、味精各适量
● 做法
①米淘净煮熟盛盘；锅中放500克水，加姜末、葱段、黄姜粉煲开。
②鸡去内脏洗净氽水后放入锅中，加盐、味精煲至熟后取出。
③鸡肉切块盛盘，青菜洗净焯熟盛盘，取一碟姜末配于旁，当调味用。

## 台湾卤肉饭

● 原料 米100克，五花肉200克，菜心50克
● 调料 豆瓣酱3克，辣椒酱、味精各2克，葱丝、姜丝、盐、生抽各5克，香料10克
● 做法
①米淘净煮熟；五花肉洗净上笼蒸；豆瓣酱、辣椒酱、生抽、味精、葱、姜、香料制成卤水。
②肉蒸熟后取出切块，下卤水中卤半个小时后再下油锅炒香。
③菜心洗净过盐水至熟，与米饭、肉一起盛盘即可。

## 咸菜猪肚饭

● 原料 米150克，咸菜、猪肚各100克、姜、葱、红椒圈各适量
● 调料 八角、香叶、盐、豆豉、淀粉、食用油各适量
● 做法
①咸菜洗净切片后焯水；猪肚洗净；姜洗净切片；葱洗净切段；米洗净加水煲熟。
②将猪肚放入有盐、姜、葱、八角、香叶的水中煲熟后，取出切片。油锅烧热，放姜、葱、红椒圈、豆豉爆炒，下咸菜、猪肚炒1分钟，勾薄芡即可与米饭一同盛盘。

## 🍴 咸蛋四宝饭

●原料　咸蛋1个，叉烧50克，白切鸡50克，烧鸭50克，米150克，青菜100克
●调料　盐4克，蒜蓉10克
●做法
①米洗净，加水于锅中煮熟成米饭，盛盘。
②咸蛋下开水中煮20分钟至浮起，捞出去壳，切半；叉烧、白切鸡、烧鸭切条状。
③青菜洗净焯熟，与其他材料一起摆在饭旁，蒜蓉加盐拌匀，用小碟盛好作调味用。

## 🍴 澳门白切鸡饭

●原料　鸡300克，白饭1碗，菜心100克，咸蛋半个
●调料　上汤、盐、姜、鸡精、食用油各适量
●做法
①姜洗净切末；菜心洗净，入沸水中焯烫，捞出沥水备用。
②鸡洗净剁块，放入油锅中炸至表面金黄后捞出；锅中留少许油爆香姜末，加入鸡块，调入所有调味料煮熟，盛出摆放在饭上，再放入菜心、咸蛋即可。

## 🍴 平菇鸡肾饭

●原料　米150克，平菇100克，鸡肾150克
●调料　盐、葱段、姜片、蒜、红椒圈、淀粉、食用油各适量
●做法
①平菇去头洗净，焯水；鸡肾收拾干净，余水后切片；大蒜洗净去皮；米加水煲40分钟至熟盛出。
②油锅烧热，加入鸡肾炒入味后盛出；再热油锅，爆香葱、姜、红椒圈、蒜，放入鸡肾、平菇炒1分钟，加盐炒匀，出锅前勾薄芡，摆于饭旁即可。

## 🍴 豉汁排骨煲仔饭

●原料 米100克，菜心80克，排骨150克
●调料 生抽8克，姜10克，红椒、豆豉、花生油各15克
●做法

①红椒、姜均洗净切丝；排骨洗净，斩块，汆水；菜心洗净，焯水至熟。

②米洗净加水放入砂锅中，煲10分钟，再放入排骨、红椒丝、姜丝、豆豉、花生油煲15分钟即熟。

③把菜心放在煲内，在菜上淋入生抽即可。

## 🍴 潮阳农家饭

●原料 包菜150克，米300克，五花肉50克，蒜苗40克
●调料 盐、胡椒粉、九里香、食用油各适量
●做法

①包菜洗净切块；蒜苗洗净切段；五花肉洗净切块，入锅炒至金黄色。

②包菜、蒜苗入热油锅，加盐、胡椒粉、九里香炒香；米洗净，放入砂锅中加适量水，中火煮至八成熟；放五花肉、包菜、蒜苗，再用小火烧10分钟即可。

## 🍴 日式海鲜锅仔饭

●原料 虾、蟹、鱿鱼、牡蛎、鱼柳共250克，白饭200克，鸡蛋1个
●调料 鳗鱼汁50克，糖5克，香油、盐各少许，食用油适量
●做法

①将海鲜洗净，放入六成热油中，过油捞起备用；鸡蛋去壳，搅打成蛋液。

②锅中油热后下入蛋液和饭，加少许盐炒香后装盘；热锅，倒入鳗鱼汁，与海鲜共煮，再放入糖、香油炒匀，淋到装盘的饭上即可。

# 窝蛋牛肉煲仔饭

●原料 鸡蛋1个，熟牛肉200克，米100克，菜心80克

●调料 香油10克，生抽20克，姜10克，花生油适量

●做法

①熟牛肉切片；姜洗净切丝；鸡蛋取蛋黄下锅煮熟保持原状。

②将淘净的米加水放砂锅中，煲10分钟后，再放上牛肉、蛋黄、姜丝、花生油煲至熟。菜心洗净，焯熟，放入砂锅内，淋上香油、生抽即可。

# 腊味煲仔饭

●原料 米120克，菜心80克，腊肉100克，腊肠50克

●调料 香油10克，生抽20克，姜10克，花生油适量

●做法

①腊肉浸泡洗净，切成片；腊肠洗净，切成段；姜洗净切丝；菜心洗净，焯水至熟。

②米淘净加水放入砂锅中，煲10分钟，再放入腊肉、腊肠、姜丝、花生油煲5分钟即熟。

③生抽、香油淋于菜上，盖上菜心即成。

# 咸鱼腊味煲仔饭

●原料 香米150克，腊肉30克，腊肠50克，腊鸭50克，咸鱼20克

●调料 葱白段、红椒丝、姜丝各适量

●做法

①香米洗净，用水浸1小时；腊肉、腊肠、腊鸭、咸鱼均切成薄片。

②将已浸泡过的米放入瓦煲内，加入适量的水，用中火煲至熟。

③将腊味、咸鱼片、姜、葱、红椒丝全都放入刚煲干水的煲内，再用慢火煲约10分钟即可。

## 🍴 排骨煲仔饭

● 原料 排骨200克，米50克，油菜心适量
● 调料 美极鲜酱油10克，蚝油10克，姜丝、葱丝各10克，汤皇、料酒、糖、鸡精、花生油各适量
● 做法
① 排骨洗净，切成块后汆水冲净待用。
② 把米洗泡透后，加适量花生油，上笼蒸熟；油菜心洗净，焯水备用。
③ 将排骨加所有调味料烧制熟，与米饭一起上桌，摆上油菜心即可。

## 🍴 辣子鸡煲仔饭

● 原料 鸡肉200克，大米150克，油菜适量
● 调料 盐、味精、干辣椒、姜末、蒜末、生抽、五香粉、白糖各适量
● 做法
① 大米淘洗干净后，倒入砂锅中，加适量水煲熟；油菜洗净，焯熟摆入煲内。
② 鸡肉洗净，切块，用所有调味料腌渍15分钟后放入开水锅中煮熟，捞出沥干。
③ 将熟鸡肉下入油锅中半煎半炒至微黄时，倒入干辣椒炒香，倒入煲内即可。

## 🍴 腊肉煲仔饭

● 原料 鸡蛋1个，腊肉100克，大米120克，青椒、红椒各10克
● 调料 盐2克，食用油适量
● 做法
① 大米淘洗净，装入瓦煲内，上火蒸熟；腊肉洗净，切片；青椒、红椒洗净，去籽切片。
② 油锅烧热，倒入鸡蛋煎熟，盛出；锅再入油烧热，倒入腊肉炒香，加青椒、红椒爆炒熟，加盐调味，关火；将腊肉和鸡蛋倒入米饭上，上火再加热3分钟即可。

## 农家芋头饭

●原料  米300克，芋头250克，泡发好的香菇5克，花生米10克

●调料  盐、胡辣粉、香油、蒜苗段、九里香、食用油各适量

●做法

①芋头去皮，洗净切粒；香菇洗净切粒；花生米洗净。

②芋头蒸熟，用中油温炸至表层变硬；蒜苗、香菇入油锅炒香，调入调味料炒匀。

③米洗入锅煲至八成熟，再放入其余原材料煲至熟，最后放入洗净的九里香即可。

## 豌豆糙米饭

●原料  糙米200克，新鲜豌豆100克

●调料  香油15克

●做法

①糙米洗净，用温水浸泡2小时；豌豆洗净。

②糙米、豌豆加适量水和15克香油一起入蒸锅。

③蒸30分钟至豌豆、米饭熟烂即可。

##  虾饭

●原料  虾200克，香菇15克，米300克，蒜苗段50克

●调料  九里香2克，味精2克，盐3克，香油4克，胡椒粉1克，食用油适量

●做法

①虾洗净去泥肠；香菇泡发，洗净后切丝；九里香洗净。

②虾入油锅稍炒，放入蒜苗，调入调味料后炒匀。

③米洗净，入锅用中火煲至八成熟，放入虾、蒜苗、香菇后煲至熟，放入九里香即可。

## 饭团 ▶

### 🍴 胡萝卜小鱼干饭团

- 原料　米饭80克，胡萝卜20克，小鱼干30克
- 调料　芝麻10克，酱油8克，麦芽糖、料酒、盐各适量

胡萝卜洗净，去皮，切丁，装碗，入微波炉中烘烤1分钟。

小鱼干洗净，放入没有放油的锅中微炒片刻，去除腥味。

在米饭中放入小鱼干，撒上洗净的芝麻和盐搅拌均匀。

将酱油、料酒、麦芽糖装碗，加适量清水，加热搅匀成酱汁。

胡萝卜丁放入拌好的米饭中拌匀，用手揉捏成三角形饭团。

在锅中放入三角形饭团，边倒入酱汁边煎成金黄色即可。

**紫菜包饭**

●原料 粳米360克，胡萝卜、黄瓜、日式萝卜咸菜各适量，牛蒡100克，牛肉末80克，鸡蛋120克，紫菜10克

●调料 醋、酱油、葱末、蒜泥、盐、香油、胡椒粉、食用油各适量

将所需原材料准备好，放入盘中待用。

胡萝卜、牛蒡均去皮，洗净切丝；黄瓜、咸菜均洗净切丝。

粳米洗净煮熟；牛肉末洗净用调味料搅拌；鸡蛋打散加盐拌匀。

炒锅热油，放入胡萝卜与黄瓜，大火各自炒30秒后盛出。

锅注油，下牛蒡炒熟后盛出；再炒熟牛肉；鸡蛋煎熟后切丝。

紫菜烤好后铺上饭，中间放其他原料卷成圆柱形，切成卷即可。

## 菠菜五花肉饭卷

- 原料 大米80克，菠菜60克，五花肉片50克
- 调料 黑芝麻10克，盐3克，香油适量

大米洗净，泡水30分钟后煮成米饭。

菠菜洗净，用盐开水焯烫后过凉水，捞出沥干水分，剁碎。

用盐和香油搅拌菠菜。

将米饭、菠菜和洗净的黑芝麻放入碗里，加盐搅拌均匀。

把搅拌好的菠菜黑芝麻米饭放入塑料盒里，揉捏成饭团。

用五花肉片将菠菜黑芝麻米饭团卷起来，入油锅煎至焦黄。

## 青海苔手抓饭

- 原料　米饭1大碗，青海苔250克，黄瓜少许
- 调料　盐、白糖、胡椒粉、香油、食用油各适量
- 做法

①青海苔洗净切细；黄瓜洗净切丁。

②锅注油烧热，放入青海苔、黄瓜翻炒一会儿，盛在装有米饭的碗中。

③在碗中加入所有调味料，搅拌均匀。

④将米饭放在手中，捏成倒三角形即可食用。

## 紫菜皮包饭

- 原料　紫菜皮2张，米饭250克，牛肉丁、火腿丁、黄瓜丁、胡萝卜丁、熟芝麻各少许
- 调料　盐、味精各少许，食用油适量
- 做法

①紫菜皮用温开水泡发至张开，对半剪开，铺平。

②锅中注油烧热，下入牛肉炒至六成熟，放入黄瓜、胡萝卜、火腿、米饭，加盐、味精翻炒均匀，盛在紫菜皮上；将紫菜皮包成卷，稍压实，切成片状，撒上熟芝麻即可。

## 彩色饭团

- 原料　白饭1碗
- 调料　绿茶粉、黄豆粉、芝麻粉各适量
- 做法

①双手洗净，将白饭捏成小圆球，约一口的量。

②将绿茶粉、黄豆粉、芝麻粉分别倒在平盘上，小饭团在粉上均匀滚过。

③也可在白饭内包豆沙馅，外层再裹绿茶粉、黄豆粉、芝麻粉。

**烩饭** ▶

## 🍴 麦门冬牡蛎烩饭

●原料 麦门冬15克，鸡蛋1个，玉竹5克，牡蛎200克，胚芽米饭1碗，马蹄丁20克，芹菜粒10克，豆腐丁、青豆、胡萝卜丁各适量

●调料 盐、胡椒粉、淀粉各适量

●做法

①将麦门冬、玉竹洗净，加水熬成高汤；鸡蛋去壳，搅打成蛋液。牡蛎洗净沥干并入淀粉、盐腌渍备用；青豆洗净。

②胡萝卜、马蹄、豆腐入高汤中煮熟，加盐、胡椒粉调味，再入牡蛎、青豆、胚芽米饭煮熟，撒上芹菜粒和蛋液煮熟即可。

## 🍴 三鲜烩饭

●原料 白米饭150克，虾仁、猪肉片、小文蛤、西蓝花、胡萝卜片、木耳片各10克

●调料 高汤、盐、蚝油、葱段、食用油各适量

●做法

①文蛤、虾仁均收拾干净；西蓝花洗净掰朵，焯烫备用。

②油烧热，爆香葱段，将文蛤、肉片、虾仁、胡萝卜、木耳、西蓝花入锅炒熟，加高汤、水、盐、蚝油，待汤煮滚后，将白饭盛于盘中，淋上完成的三鲜烩汁即可。

## 🍴 海鲜饭

●原料 干贝、香菇、火腿各20克，米饭1碗，虾仁、蟹柳、鲜鱿、菜心粒、胡萝卜粒各25克

●调料 水淀粉、鸡汤、盐、蛋清各适量

●做法

①水烧开，入洗净切好的干贝、香菇、火腿、虾仁、蟹柳、鲜鱿，与菜心粒、胡萝卜粒一起焯烫沥干。

②将焯烫过的原材料加入鸡汤煮2分钟，调入盐；将水淀粉放入锅中勾芡，再加入蛋清搅匀，盛出铺在饭上即可食用。

## Part 5

# 营养健康粥，
# 一学就会

黏稠绵密的各式粥是中国传统饮食文化中不可或缺的一部分，巧妙的材料搭配、适宜的火候控制，使得粥同时具备了"食用"与"养生"的功效，成为中国人餐桌上的一道健康营养食品。本章将以最简单的方法教大家做出味道鲜美的营养健康粥，相信新手们一学就会。

**蔬菜粥▶**

## 🍴 菠菜芹菜萝卜粥

- **原料** 芹菜、菠菜各20克，大米100克，胡萝卜少许
- **调料** 盐2克，味精1克
- **做法**

① 芹菜、菠菜洗净，均切碎；胡萝卜洗净切丁；大米淘洗干净，用冷水浸泡1小时。

② 锅置火上，注入清水后，放入大米，用大火煮至米粒绽开。

③ 放胡萝卜、菠菜、芹菜，煮至粥成，调入盐、味精入味即可。

## 🍴 菠菜山楂粥

- **原料** 菠菜20克，山楂20克，大米100克
- **调料** 冰糖5克
- **做法**

① 大米淘洗干净，用清水浸泡；菠菜洗净；山楂洗净。

② 锅置火上，放入大米，加适量清水煮至七成熟。

③ 放入山楂煮至米粒开花，再放入冰糖、菠菜稍煮后调匀即可。

## 🍴 菠菜玉米枸杞粥

- **原料** 菠菜、玉米粒、枸杞子各15克，大米100克
- **调料** 盐3克，味精1克
- **做法**

① 大米泡发洗净；枸杞子、玉米粒洗净；菠菜择去根后洗净，切成碎末。

② 锅置火上，注入清水后，放入大米、玉米粒、枸杞子，用大火煮至米粒开花。

③ 再放入菠菜，用小火煮至粥成，调入盐、味精入味即可。

## 🍴 白菜玉米粥

● 原料 大白菜30克，玉米糁90克，黑芝麻少许

● 调料 盐3克，味精少许

● 做法

①大白菜洗净切丝；芝麻洗净。

②锅置火上，注入清水烧沸后，边搅拌边倒入玉米糁。

③放入大白菜、芝麻，用小火煮至粥成，调入盐、味精入味即可。

## 🍴 包菜芦荟粥

● 原料 大米100克，芦荟、包菜各20克，枸杞子少许

● 调料 盐3克

● 做法

①大米泡发洗净；芦荟洗净切片；包菜洗净切丝；枸杞子洗净。

②锅置火上，注入水后，放入大米用大火煮至米粒绽开，放入芦荟、包菜、枸杞子。

③用小火煮至粥成，调入盐调味即可食用。

##  小白菜胡萝卜粥

● 原料 小白菜30克，胡萝卜少许，大米100克

● 调料 盐3克，味精少许，香油适量

● 做法

①小白菜洗净切丝；胡萝卜洗净切小块；大米泡发洗净。

②锅置火上，注水后，放入大米，用大火煮至米粒绽开，加入小白菜、胡萝卜煮熟。

③加盐、味精调味，淋入适量香油即可。

## 韭菜葱白粥

●原料　大米100克，葱白、韭菜各适量，胡萝卜少许

●调料　盐3克，味精1克

●做法

①大米泡发洗净；葱白洗净切丝；韭菜洗净切段；胡萝卜洗净切丁。

②锅置火上，注入清水，放入大米，煮至米粒绽开时，放入葱白、韭菜、胡萝卜。

③改用小火煮至粥成，调入盐、味精入味，即可食用。

## 韭菜枸杞粥

●原料　白米100克，韭菜、枸杞子各15克

●调料　盐2克，味精1克

●做法

①韭菜洗净切段；枸杞子洗净；白米泡发洗净。

②锅置火上，注水后，放入白米，用大火煮至米粒开花。

③放入韭菜、枸杞子，改用小火煮至粥成，加入盐、味精入味即可。

## 冬瓜竹笋粥

●原料　大米100克，山药、冬瓜、竹笋各适量

●调料　盐、葱各2克

●做法

①大米洗净；山药、冬瓜去皮洗净，均切小块；竹笋洗净切片；葱洗净切花。　②锅注水后放大米，煮至米粒绽开后，放山药、冬瓜、竹笋。

③改用小火，煮至粥浓稠时，放入盐调味，撒上葱花即可。

##  豆浆玉米粥

●原料 鲜豆浆120克，玉米粒50克，豌豆30克，胡萝卜20克，大米80克

●调料 冰糖、葱各8克

●做法

① 大米泡发洗净；玉米粒、豌豆均洗净；胡萝卜洗净切丁；葱洗净切花。

② 锅置火上，倒入清水，放入大米煮至开花，再入玉米粒、豌豆、胡萝卜同煮至熟。

③ 注入鲜豆浆，放入冰糖，同煮至浓稠状，撒上葱花即可。

## 豆腐菠菜玉米粥

●原料 玉米粉90克，菠菜10克，豆腐30克

●调料 盐2克，味精1克，香油5克

●做法

① 菠菜洗净切段；豆腐洗净切块。

② 锅置火上，注水烧沸后，放入玉米粉，用筷子搅匀。

③ 再放入菠菜、豆腐煮至粥成，调入盐、味精调味，滴入香油即可。

## 海带芦荟粥

●原料 海带、芦荟各15克，大米100克

●调料 盐3克

●做法

① 大米泡发洗净；芦荟洗净切丝；海带洗净切丝。

② 锅置火上，注入清水，放入大米用大火煮至米粒绽开。

③ 放入芦荟、海带，改用小火煮至粥成，调入盐入味即可。

## 黄瓜胡萝卜粥

● 原料 黄瓜、胡萝卜各15克，大米90克
● 调料 盐3克，味精少许
● 做法
①大米泡发洗净；黄瓜、胡萝卜洗净，切成小块。
②锅置火上，注入清水，放入大米，煮至米粒开花。
③放入黄瓜、胡萝卜，改用小火煮至粥成，调入盐、味精入味即可。

## 黄瓜芦荟大米粥

● 原料 黄瓜、芦荟各20克，大米80克
● 调料 盐、枸杞子各2克
● 做法
①大米洗净泡发；芦荟洗净，切成小粒备用；黄瓜洗净，切成小块；枸杞子洗净。
②锅置火上，注入清水，放入大米煮至米粒熟烂后，放入芦荟、黄瓜、枸杞子。
③用小火煮至粥成时，加入盐调味即可。

## 黄瓜松仁枸杞粥

● 原料 黄瓜、松仁、枸杞子各20克，大米90克
● 调料 盐2克，鸡精1克
● 做法
①大米洗净，泡发1小时；黄瓜洗净，切成小块；松仁去壳取仁；枸杞子洗净。
②锅置火上，注入水后，放入大米、松仁、枸杞子，用大火煮开。
③放入黄瓜煮至成粥，调入盐、鸡精煮至入味，再转入煲仔内煮开即可。

## 🍴 黄花芹菜粥

● 原料 干黄花菜、芹菜各15克，大米100克
● 调料 香油5克，盐2克，味精1克
● 做法
①芹菜洗净，切成小段；干黄花菜泡发洗净；大米洗净，泡发半小时。
②锅置火上，注入适量清水后，放入大米，用大火煮至米粒绽开。
③放入芹菜、黄花菜，改用小火煮至粥成，调入盐、味精入味，滴入香油即可。

## 🍴 空心菜粥

● 原料 空心菜15克，大米100克
● 调料 盐2克
● 做法
①大米洗净泡发；空心菜洗净，切斜圈。
②锅置火上，注水后，放入大米，用旺火煮至米粒开花。
③放入空心菜，用小火煮至粥成，调入盐入味即可。

## 🍴 苦瓜胡萝卜粥

● 原料 苦瓜20克，胡萝卜少许，大米100克
● 调料 冰糖5克，盐2克，香油少许
● 做法
①苦瓜洗净切条；胡萝卜洗净切丁；大米泡发洗净。
②锅置火上，注入清水，放入大米用旺火煮至米粒开花。
③放入苦瓜、胡萝卜丁，用小火煮至粥成，放入冰糖煮至融化后，调入盐、香油入味即可。

## 🍴 南瓜花菜粥

- **原料** 南瓜、花菜各适量，大米90克
- **调料** 盐2克
- **做法**

①大米泡发洗净；南瓜去皮洗净后切块；花菜洗净后掰成小朵。

②锅置火上，注入适量清水，放入大米、南瓜，用大火煮至米粒绽开。

③放入花菜，改用小火煮至粥成，放入盐调味即可。

## 🍴 南瓜木耳粥

- **原料** 黑木耳15克，南瓜20克，糯米100克
- **调料** 盐、葱花各3克
- **做法**

①糯米洗净，浸泡半小时后捞出沥干水分；黑木耳泡发洗净后切丝；南瓜去皮洗净，切成小块。

②锅置火上，注入清水，放入糯米、南瓜用大火煮至米粒绽开后，再放入黑木耳。

③用小火煮至粥成后，调入盐搅匀入味，撒上葱花即可。

## 🍴 芹菜红枣粥

- **原料** 芹菜、红枣各20克，大米100克
- **调料** 盐3克，味精1克
- **做法**

①芹菜洗净，取梗切成小段；红枣去核洗净；大米泡发洗净。

②锅置火上，注水后，放入大米、红枣，用旺火煮至米粒开花。

③放入芹菜梗，改用小火煮至粥浓稠时，加入盐、味精入味即可。

## 山药笋藕粥

- ●原料　山药30克，竹笋、莲藕各适量，大米100克
- ●调料　盐2克，味精少许
- ●做法

①山药去皮洗净后切块；竹笋洗净，切成斜段；莲藕刮去外皮，洗净，切丁；大米洗净，泡发半小时后捞出沥水。

②锅内注水，放入大米，用大火煮至米粒开花，放入山药、竹笋、藕丁同煮；改用小火煮至粥浓稠时，放入盐、味精调味即可。

## 春笋西葫芦粥

- ●原料　春笋、西葫芦各适量，糯米110克
- ●调料　盐3克，味精1克，葱少许
- ●做法

①糯米泡发洗净；春笋去皮洗净后切丝；西葫芦洗净切丝；葱洗净切花。

②锅置火上，注入清水后，放入糯米用旺火煮至米粒绽开，放入春笋、西葫芦。

③改用小火煮至粥浓稠时，加入盐、味精入味，撒上葱花即可。

##  豆芽玉米粥

- ●原料　黄豆芽、玉米粒各20克，大米100克
- ●调料　盐3克，香油5克
- ●做法

①玉米粒洗净；豆芽洗净，择去根部；大米洗净，泡发半小时。

②锅置火上，倒入清水，放入大米、玉米粒用旺火煮至米粒开花。

③放入黄豆芽，改用小火煮至粥成，调入盐、香油搅匀即可。

**水果粥 ▶**

## 🍴 猕猴桃樱桃粥

● 原料　猕猴桃30克，樱桃少许，大米80克
● 调料　白糖11克
● 做法
① 大米洗净，放在清水中浸泡半小时；猕猴桃去皮洗净，切小块；樱桃洗净切块。
② 锅置火上，注入清水，放入大米煮至米粒绽开后，放入猕猴桃、樱桃同煮。
③ 改用小火煮至粥成后，调入白糖入味即可。

## 🍴 哈密瓜玉米粥

● 原料　哈密瓜、嫩玉米粒、枸杞子各适量，大米80克
● 调料　冰糖12克，葱少许
● 做法
① 大米泡发洗净；哈密瓜去皮洗净切块；玉米粒、枸杞子洗净；葱洗净切花。
② 锅置火上，注入清水，放入大米、枸杞子、玉米用大火煮至米粒绽开，放入哈密瓜同煮。
③ 放入冰糖煮至粥成后，撒上葱花即可。

## 🍴 木瓜葡萄粥

● 原料　木瓜30克，葡萄20克，大米100克
● 调料　白糖5克，葱花少许
● 做法
① 大米淘洗干净，放入清水中浸泡；木瓜切开取果肉，切成小块；葡萄去皮、核，洗净。
② 锅置火上，注入适量清水，放入大米煮至八成熟。
③ 放入木瓜、葡萄煮至米烂，放入白糖稍煮后调匀，撒上葱花即可。

##  苹果萝卜牛奶粥

- 原料　青苹果、红苹果、胡萝卜各25克，牛奶100克，大米100克
- 调料　白糖5克，葱花少许
- 做法

① 胡萝卜、苹果洗净切小块；大米淘洗干净，沥干。

② 锅置火上，注入清水，放入洗好的大米煮至八成熟。

③ 放入胡萝卜、苹果煮至粥将成，倒入牛奶稍煮，加白糖调匀，撒葱花即可。

##  苹果提子冰糖粥

- 原料　苹果30克，提子20克，大米100克
- 调料　冰糖5克，葱花少许
- 做法

① 大米淘洗干净，用清水浸泡片刻；提子洗净；苹果洗净后切小块。

② 锅置火上，注入适量清水，放入大米煮至八成熟。

③ 放入苹果、提子煮至米粒开花，再放入冰糖调匀，撒上葱花即可。

##  葡萄干果粥

- 原料　大米、低脂牛奶各100克，黑芝麻少许，葡萄、梅干各25克
- 调料　冰糖5克，葱花少许
- 做法

① 大米洗净，用清水浸泡；葡萄去皮、核，洗净备用；梅干、黑芝麻分别洗净。

② 锅置火上，注入适量清水，放入大米煮至八成熟，放入葡萄、梅干、黑芝麻煮至米粒开花，倒入牛奶、冰糖稍煮后调匀，撒上葱花即可。

## 香蕉菠萝薏米粥

- ●原料 香蕉、菠萝各适量，薏米40克，大米60克，西红柿少许
- ●调料 白糖12克
- ●做法
①大米、薏米泡发洗净；菠萝去皮，洗净切块；香蕉去皮切片；西红柿去蒂，洗净切块。
②锅置火上，注入清水，放入大米、薏米，用大火煮至米粒开花。
③放入菠萝、香蕉，改小火煮至粥成，调入白糖入味，加少许西红柿块装饰即可。

## 无花果芦荟粥

- ●原料 大米90克，芦荟15克，无花果30克
- ●调料 盐3克
- ●做法
①大米泡发洗净；芦荟洗净切片；无花果洗净。
②锅置火上，注入清水后，放入大米用大火煮至米粒绽开。
③放入芦荟、无花果，改用小火煮至粥成，调入盐入味即可。

## 西红柿海带粥

- ●原料 西红柿15克，海带清汤适量，米饭一碗
- ●调料 盐、葱花各3克
- ●做法
①西红柿洗净切丁。
②锅置火上，注入海带清汤后，放入米饭煮至沸。
③放入西红柿，用小火煮至粥成，调入盐入味，撒上葱花即可。

## 🍴 雪梨双瓜粥

● 原料 雪梨、木瓜、西瓜各适量，大米80克

● 调料 白糖5克，葱少许

● 做法

① 大米泡发洗净；雪梨、木瓜去皮洗净后切小块；西瓜洗净取瓤；葱洗净切花。

② 锅置火上，注入水，放入大米，用大火煮至米粒开花后放入雪梨、木瓜、西瓜同煮。

③ 煮至粥浓稠时，调入白糖入味，撒上葱花即可。

## 🍴 甜瓜西米粥

● 原料 甜瓜、胡萝卜、豌豆各20克，西米70克

● 调料 白糖4克

● 做法

① 西米泡发洗净；甜瓜、胡萝卜均洗净切丁；豌豆洗净。

② 锅置火上，倒入清水，放入西米、甜瓜、胡萝卜、豌豆一同煮开。

③ 待煮至浓稠状时，调入白糖拌匀即可。

## 🍴 椰肉山楂粥

● 原料 大米80克，椰子肉、山楂片、玉米粒各20克

● 调料 冰糖5克，葱花少许

● 做法

① 大米泡发洗净；山楂片洗净切丝；玉米粒洗净；椰子肉洗净，切成小丁。

② 锅置火上，注入水，放入大米煮至米粒开花后，加入椰子肉、玉米粒、山楂片焖煮。

③ 加入冰糖煮至粥浓稠时，撒上葱花即可。

## 香菇白菜猪肉粥

● 原料 香菇20克，白菜30克，猪肉50克，枸杞子适量，大米100克

● 调料 盐3克，味精1克，色拉油适量

● 做法

① 香菇洗净对切；白菜洗净切碎；猪肉洗净切末；大米淘净泡好；枸杞子洗净。

② 锅中注水，下入大米，大火烧开后改中火，下入猪肉、香菇、白菜、枸杞子煮至猪肉变熟；小火将粥熬好，调入盐、味精以及少许色拉油调味即可。

## 肉末蔬菜粥

● 原料 猪肉80克，大米60克，菠菜、油菜、白菜各适量，枸杞子少许

● 调料 盐3克，鸡精1克

● 做法

① 猪肉、菠菜、油菜、白菜分别洗净后切碎；大米淘净，泡半个小时；枸杞子洗净备用。

② 锅中注水，放入大米、枸杞子烧开，改小火，待粥熬至将成时，下入其余备好的原材料；将粥熬好，加盐、鸡精调味即可。

## 瘦肉生姜粥

● 原料 生姜20克，猪瘦肉100克，大米80克

● 调料 料酒3克，葱花5克，盐1克，味精2克，胡椒粉适量

● 做法

① 生姜洗净，去皮切末；猪肉洗净切丝，用盐腌15分钟；大米淘净泡好。

② 锅中放水，下入大米，大火烧开后改中火，下入猪肉、生姜，煮至猪肉变熟。

③ 待粥熬好，下盐、味精、胡椒粉、料酒调味，撒上葱花即可。

## 🍴 猪肉包菜粥

- ●原料　包菜60克，猪肉100克，大米80克
- ●调料　盐3克，味精1克，淀粉8克
- ●做法

① 包菜洗净切丝；猪肉洗净切丝，用盐、淀粉腌片刻；大米淘净泡好。

② 锅中注水，放入大米，大火烧开后改中火，下入猪肉，煮至猪肉变熟。

③ 改小火，放入包菜，待粥熬至黏稠状时，下入盐、味精调味即可。

## 🍴 里脊猪肉粥

- ●原料　猪里脊肉100克，大米80克
- ●调料　盐3克，鸡精2克，川椒粒4克，芹菜粒、食用油各适量
- ●做法

① 猪里脊肉洗净切块，入油锅中滑熟后捞出；大米淘净泡好。

② 锅中注水，下入大米以旺火煮开，下入猪肉煮至米粒开花且猪肉熟烂。

③ 改小火，放入川椒粒、芹菜粒，慢火熬至成粥，加盐、鸡精调味即可。

##  猪肉紫菜粥

- ●原料　大米100克，紫菜少许，猪肉30克，皮蛋1个
- ●调料　盐3克，胡椒粉2克，葱花、枸杞子各适量
- ●做法

① 大米洗净，放入清水中浸泡；猪肉洗净切末；皮蛋去壳，洗净切丁；紫菜泡发后撕碎。

② 锅置火上，注入清水，放入大米煮至五成熟，放入猪肉、皮蛋、紫菜、洗净的枸杞子煮至米粒开花，加盐、胡椒粉调匀，撒上葱花即可。

## 肉丸香粥

● 原料　猪肉丸子120克，大米80克
● 调料　葱花3克，姜末5克，盐2克，味精适量
● 做法
① 大米淘净，泡半小时；猪肉丸子洗净，切成小块。
② 锅中注水，下入大米，大火烧开后改中火，放猪肉丸子、姜末，煮至肉丸变熟；改小火，将粥熬好，加盐、味精调味，撒上葱花即可。

## 萝卜干肉末粥

● 原料　萝卜干60克，猪肉100克，大米60克
● 调料　盐3克，味精1克，姜末5克，葱花少许
● 做法
① 萝卜干用温水洗净，切成小段；猪肉洗净，剁成粒；大米用清水淘净，泡半小时。
② 锅中注水，放入大米、萝卜干烧开，改中火，下入姜末、猪肉粒，煮至猪肉熟。
③ 改小火熬至粥浓稠，下入盐、味精调味，撒上葱花即可。

## 猪肉雪里蕻粥

● 原料　雪里蕻10克，猪肉50克，燕麦片30克，大米100克
● 调料　盐3克，葱花、姜末、酱油各适量
● 做法
① 猪肉洗净剁成粒；雪里蕻洗净切碎；燕麦片泡发洗净；大米淘净，用水浸泡半小时。
② 大米、燕麦片放入锅中，加水烧开，放姜末、猪肉粒，煮至猪肉熟，再用小火煮至粥浓稠，放入雪里蕻，加盐、酱油调味，撒上葱花即可。

# 🍴 白果瘦肉粥

- 原料　白果20克，猪肉丝50克，玉米粒30克，红枣10克，大米适量
- 调料　盐3克，味精1克，葱花少许
- 做法

① 玉米粒拣尽杂质后洗净；红枣洗净，去核切碎；大米淘净泡好；白果去外壳，入锅中煮熟，剥去外皮，切掉两头，取心。

② 锅中注水，下入大米、玉米、白果、红枣，旺火烧开后改中火，下入猪肉煮熟，熬煮成粥，加盐、鸡精调味，撒上葱花即可。

# 🍴 洋葱豆腐肉末粥

- 原料　大米120克，豆腐50克，青菜30克，猪肉50克，洋葱40克，虾米20克
- 调料　盐3克，味精1克，香油5克
- 做法

① 豆腐洗净切块；青菜洗净切碎；洋葱洗净切条；猪肉洗净切末；虾米洗净；大米淘净。

② 锅中注水，下入大米大火烧开，改中火，下入猪肉、虾米、洋葱煮至虾米变红。

③ 改小火，放入豆腐、青菜，熬至粥成，调入盐、味精调味，淋上香油搅匀即可。

#  生菜肉丸粥

- 原料　生菜30克，猪肉丸子80克，香菇50克，大米适量
- 调料　姜末、葱花、盐各适量
- 做法

① 生菜洗净切丝；香菇洗净对切；大米淘净泡好；猪肉丸子洗净，切小块。

② 锅中放适量水，下入大米后用大火烧开，放香菇、猪肉丸子、姜末，煮至肉丸变熟，改小火，放入生菜；待粥熬好，加盐调味，撒上葱花即可。

## 🍴 菠菜瘦肉粥

● 原料　菠菜100克，瘦猪肉80克，大米80克
● 调料　盐3克，鸡精1克，生姜末15克
● 做法

①菠菜洗净切碎；猪肉洗净切丝，用盐稍腌；大米淘净泡好。

②锅中注水，下入大米煮开，下入猪肉、生姜末，煮至猪肉变熟。

③下入菠菜，熬至粥成，调入盐、鸡精调味即可。

## 🍴 红枣豌豆肉丝粥

● 原料　红枣10克，猪肉30克，大米80克，豌豆适量
● 调料　盐、淀粉、味精、食用油各适量
● 做法

①红枣、豌豆洗净；猪肉洗净切丝，用盐、淀粉稍腌，入油锅滑熟后捞出；大米淘净泡好。

②大米入锅，放适量清水，以大火煮沸后改中火，下入红枣、豌豆，煮至粥将成时下入猪肉；小火将粥熬好，加盐、味精调味即可。

## 🍴 洋葱青菜肉丝粥

● 原料　洋葱50克，青菜30克，猪瘦肉100克，大米80克
● 调料　盐3克，鸡精1克
● 做法

①青菜洗净切碎；洋葱洗净切丝；猪肉洗净切丝；大米淘净泡好。

②锅中注水，下入大米煮开，改中火，下入猪肉、洋葱，煮至猪肉变熟。

③改小火，下入青菜，待粥熬好，调入盐、鸡精调味即可。

## 🍴 黄花菜瘦肉枸杞粥

● 原料 干黄花菜50克，瘦猪肉100克，枸杞子少许，大米80克

● 调料 盐、味精、葱花、姜末各适量

● 做法

① 猪肉洗净切丝；干黄花菜用温水泡发，切成小段；枸杞子洗净；大米淘净，浸泡半小时后捞出沥干水分。

② 锅中注水，下入大米、枸杞子，大火烧开，下入猪肉、黄花菜、姜末，煮至猪肉变熟。

③ 加入盐、味精调味，撒上葱花即可。

## 🍴 青菜罗汉果肉丝粥

● 原料 大米100克，猪肉50克，罗汉果1个，青菜20克

● 调料 盐3克，鸡精1克

● 做法

① 猪肉洗净切丝；青菜洗净切碎；大米淘净泡好；罗汉果打碎后，下入锅中煎煮汁液。

② 锅中加入适量清水，下入大米，旺火煮开，改中火，下入猪肉，煮至猪肉变熟。

③ 倒入罗汉果汁，改小火，放入青菜，熬至粥成，下入盐、鸡精调味即可。

## 🍴 猪肉芋头粥

● 原料 猪肉100克，芋头150克，大米80克

● 调料 葱花、香油、盐、味精、胡椒粉各适量

● 做法

① 芋头洗净，去皮切块；猪肉洗净切丝；大米淘净，浸泡半小时。

② 锅中放水，下入大米用旺火煮开，改中火，下入猪肉、芋头，煮至猪肉变熟。

③ 小火将粥熬化，下入盐、味精、胡椒粉调味，淋香油，撒上葱花即可。

## 🍴 黑豆瘦肉粥

●原料 大米100克，黑豆20克，猪瘦肉30克，皮蛋1个

●调料 盐、胡椒粉、香油、葱花各适量

●做法

①大米、黑豆洗净，放入清水中浸泡；猪瘦肉收拾干净，切片；皮蛋去壳，洗净切丁。

②锅置火上，注入适量清水，放入大米、黑豆煮至五成熟。

③再放入猪肉、皮蛋煮至粥将成，加盐、胡椒粉、香油调匀，撒上葱花即可。

## 🍴 猪肉莴笋粥

●原料 莴笋100克，猪肉120克，大米80克

●调料 味精、盐、酱油、香油、葱花各适量

●做法

①猪肉洗净切丝，用盐腌15分钟；莴笋洗净，去皮切丁；大米淘净泡好。

②锅中放水，放入大米后用旺火煮开，下入猪肉、莴笋，煮至猪肉变熟。

③改小火将粥熬化，下入盐、味精、酱油调味，淋香油，撒上葱花即可。

## 🍴 瘦肉猪肝粥

●原料 猪肝100克，猪肉100克，大米80克，青菜30克

●调料 葱花3克，料酒2克，盐3克

●做法

①青菜洗净切碎；猪肝、猪肉分别洗净切片；大米淘净泡好。

②锅中注水，下入大米，用旺火煮至米粒开花，再下入猪肉熬煮至熟，转小火，下入猪肝、青菜，烹入料酒，熬煮成粥，加盐调味，撒上葱花即可。

## 🍴 枸杞猪肝粥

● 原料 猪肝、枸杞叶、红枣、大米各适量
● 调料 盐、味精、淀粉、香油、姜、葱各适量
● 做法
① 猪肝洗净切片，调入盐、淀粉稍腌渍；枸杞叶洗净；姜洗净切丝；葱洗净切花；红枣洗净切丝；大米洗净。
② 砂锅上火，注水，放姜丝和红枣丝烧开，加入大米，煲至锅中米粒开花，放入猪肝和枸杞叶煮2分钟。
③ 待熟后调入味精、盐，撒上葱花，淋入香油即可。

## 🍴 猪血腐竹粥

● 原料 猪血100克，腐竹30克，干贝10克，大米120克
● 调料 盐3克，葱花8克，胡椒粉3克
● 做法
① 腐竹、干贝分别洗净，用温水泡发，腐竹切条，干贝撕碎；猪血洗净，切块；大米淘净，浸泡半小时。
② 锅中注水，放入大米，旺火煮沸，下入干贝，再中火熬煮至米粒开花。
③ 转小火，放入猪血、腐竹，待粥熬至浓稠，加入盐、胡椒粉调味，撒上葱花即可。

## 🍴 猪肝菠菜粥

● 原料 猪肝50克，菠菜1棵，白粥（浓）3/4碗
● 调料 香油适量
● 做法
① 猪肝洗净后切末；菠菜洗净，切段备用。
② 将所有原料一起用小火煮至熟透，食用前淋入香油即可。

## 🍴 鸽蛋菜肉粥

● 原料　鸽蛋1个，白菜、猪肉馅各20克，大米80克

● 调料　盐3克，香油、胡椒粉、葱花各适量

● 做法

① 大米洗净，入清水中浸泡；鸽蛋煮熟，去壳后剖半；白菜洗净后切成细丝。

② 锅置火上，注入清水，放入大米煮至七成熟，放入猪肉馅煮至米粒开花，放入鸽蛋、白菜稍煮，加盐、香油、胡椒粉调匀，撒上葱花即可。

## 🍴 火腿菊花粥

● 原料　菊花20克，火腿肉100克，大米80克

● 调料　姜汁5克，葱花3克，盐2克，白胡椒粉5克，鸡精3克

● 做法

① 火腿洗净切丁；大米淘净，用冷水浸泡半小时；菊花洗净备用。

② 锅中注水，下入大米，大火烧开，下入火腿、菊花、姜汁，转中火熬煮至米粒开花。

③ 待粥熬出香味，调入盐、鸡精、白胡椒粉调味，撒上葱花即可。

## 🍴 瘦肉青菜黄桃粥

● 原料　瘦肉100克，青菜30克，黄桃2个，大米80克

● 调料　盐3克，味精1克

● 做法

① 猪肉洗净切丝；青菜洗净切碎；黄桃洗净，去皮及核切块；大米淘净，浸泡半小时后，捞出沥干水分。

② 锅中注水，下入大米，旺火煮开，改中火，下入猪肉，煮至猪肉变熟，放入黄桃和青菜，慢熬成粥，下入盐、味精调味即可。

# 🍴 豆腐皮瘦肉粥

● 原料 豆腐皮30克，猪瘦肉50克，大米
180克

● 调料 盐3克，味精1克，香菜段适量

● 做法

① 猪肉洗净切丝，用盐腌渍片刻；豆腐皮洗
净，切丝；大米淘净泡好。

② 锅中放水，大米入锅，大火烧开，改中火
熬煮至粥稠且冒气泡时，下入猪肉、豆腐
皮，煮至猪肉变熟。

③ 下入盐、味精调味，撒上香菜段即可。

# 🍴 玉米鸡蛋猪肉粥

● 原料 玉米糁80克，猪肉100克，鸡蛋1个

● 调料 盐3克，鸡精1克，料酒6克，葱花
少许

● 做法

① 猪肉洗净切片，用料酒、盐腌渍；玉米糁
淘净，浸泡6小时；鸡蛋打入碗中搅匀。

② 锅中加清水，放玉米糁，大火煮开，改中
火煮至粥将成时，下入猪肉，煮至猪肉变
熟，再淋入蛋液，加盐、鸡精调味，撒上葱
花即可。

#  冬瓜瘦肉枸杞粥

● 原料 冬瓜120克，大米60克，瘦猪肉100
克，枸杞子15克

● 调料 盐3克，香油5克，葱花适量

● 做法

① 冬瓜去皮，洗净切块；瘦猪肉洗净切块，
加盐腌渍；枸杞子洗净；大米淘净，泡半
小时。

② 锅中加适量水，放入大米以旺火煮开，加
入冬瓜、猪肉、枸杞子，待大米熬烂时，加
盐调味，淋香油，撒上葱花即可。

## 🍴 黑米瘦肉粥

● 原料 黑米80克，瘦肉、红椒、芹菜各适量
● 调料 盐、胡椒粉各2克，料酒5克
● 做法
① 黑米泡发洗净；瘦肉洗净切丝；红椒洗净切圈；芹菜洗净切碎。
② 锅置火上，倒入清水，放入黑米煮开。
③ 加入瘦肉、红椒同煮至浓稠状，再入芹菜稍煮，调入盐、料酒、胡椒粉拌匀即可。

## 🍴 韭菜猪骨粥

● 原料 猪骨500克，韭菜50克，大米80克
● 调料 醋5克，料酒4克，盐3克，味精2克，姜末、葱花各适量
● 做法
① 猪骨洗净斩件，入沸水氽烫后捞出；韭菜洗净切段；大米淘净，泡半小时。
② 猪骨入锅，加清水、料酒、姜末，旺火烧开，滴入醋，下入大米煮至米粒开花。
③ 转小火，放入韭菜，熬煮成粥，放入盐、味精调味，撒上葱花即可。

## 🍴 猪骨芝麻粥

● 原料 大米80克，猪骨150克，熟芝麻10克
● 调料 醋5克，盐3克，味精2克，葱花适量
● 做法
① 大米淘净，浸泡半小时后捞出沥干水分；猪骨洗净，剁成块，入沸水中氽烫去除血水后，捞出。
② 锅中注水，下入猪骨和大米，大火煮沸，滴入醋，转中火熬煮至米粒开花。
③ 改小火熬煮至粥浓稠，加盐、味精调味，撒上熟芝麻、葱花即可。

# 猪排大米粥

- ●原料　猪排骨500克，大米80克
- ●调料　葱花少许，盐3克，味精2克，香油适量
- ●做法

①猪排骨洗净切块，下入开水中汆去血水后捞出，再放入加盐的水中煮至八成熟；大米淘净泡好。

②将排骨连汤倒入锅中，下入大米，旺火烧开，改慢火，将粥熬至浓稠，放入盐、味精调味，淋上香油，撒入葱花即可。

# 排骨青菜粥

- ●原料　猪排骨、大米各120克，青菜、虾米各30克
- ●调料　盐3克，姜末2克，熟芝麻5克
- ●做法

①大米淘净；猪排骨洗净，砍成小段，入开水中汆烫后捞出；青菜洗净切碎；虾米洗净。

②排骨入锅，加清水、盐、姜末，旺火烧开，再煮半小时，下入大米煮开，下入虾米、青菜，转小火熬煮成粥，调入盐调味，撒上熟芝麻即可。

# 大骨粥

- ●原料　猪大骨200克，米50克，葱15克
- ●调料　盐4克，味精2克
- ●做法

①猪大骨洗净斩件，入沸水中焯去血水；米淘洗干净；葱择洗净切花。

②锅中注水烧开，放入淘洗好的米、猪骨件，大火煮开。

③转用小火炖至成粥，加入调味料，撒上葱花即可。

## 🍴 瘦肉豌豆粥

● 原料 瘦肉100克，豌豆30克，大米80克

● 调料 盐、鸡精、葱花、姜末、料酒、酱油、色拉油各适量

● 做法

① 豌豆洗净；猪肉洗净，剁成末；大米用清水淘净，浸泡半小时。

② 大米入锅，加清水烧开，改中火，放姜末、豌豆煮至米粒开花。

③ 放入猪肉，改小火熬至粥浓稠，调入色拉油、盐、鸡精、料酒、酱油调味，撒上葱花即可。

## 🍴 西红柿猪骨粥

● 原料 西红柿80克，猪骨100克，青豆30克，大米80克

● 调料 盐3克，姜块5克，葱花适量

● 做法

① 西红柿洗净，切块；大米淘净泡好；猪骨洗净斩件，入沸水汆烫后捞出；青豆洗净。

② 猪骨转入高压锅中，加清水、盐、洗净的姜块煲煮至熟；另起锅烧开，下入大米、青豆煮至米粒开花时加入西红柿、猪骨熬煮成粥，加盐调味，撒上葱花即可。

## 🍴 状元及第粥

● 原料 猪肝、猪心、猪腰各150克，大米50克，枸杞子适量

● 调料 姜末、葱花、盐、胡椒粉各适量

● 做法

① 猪心、猪肝均洗净，切片；猪腰洗净，去腰臊，切花刀；枸杞子洗净；大米淘净泡好。

② 锅中注水，下入大米，旺火煮至米粒开花，改中火，下入猪心、枸杞子、姜末焖煮至熟，再下入猪肝、猪腰熬成粥，加盐、胡椒粉调味，撒上葱花即可。

# 🍴 猪肚苦瓜粥

●原料 苦瓜50克，猪肚45克，大米80克

●调料 料酒8克，姜末10克，盐3克，葱花少许

●做法

① 苦瓜洗净剖开，去瓤，切片，焯水后捞出；大米淘净泡好；猪肚洗净，切成条。

② 锅中注入适量清水，放入大米，先用旺火烧沸，再下入猪肚、姜末，烹入料酒，转中火熬煮至粥将成，放入苦瓜，熬成粥，加盐调味，撒上葱花即可。

# 🍴 胡椒猪肚粥

●原料 猪肚100克，大米80克

●调料 生抽5克，料酒8克，盐3克，葱花适量，白胡椒粉7克

●做法

① 大米淘净，浸泡半小时后捞出备用；猪肚洗净切条，用盐、料酒、生抽腌渍。

② 锅中注水，放入大米，旺火烧沸，下入猪肚，转中火熬煮。

③ 改慢火熬煮至粥黏稠且出香味，加盐、白胡椒粉调味，撒上葱花即可。

# 🍴 猪腰干贝粥

●原料 猪腰、猪肝各50克，干贝、青菜各15克，大米100克

●调料 葱花、酱油、盐、姜末各适量

●做法

① 猪腰洗净，去除腰臊，切上花刀；大米淘净，浸泡半小时；青菜洗净切碎；猪肝洗净切片；干贝用温水泡发后撕碎。

② 锅中注水，入大米，旺火煮沸，下干贝、姜末、猪腰、猪肝、青菜，待粥熬好，加盐、酱油调味，撒入葱花即可。

 ## 安神猪心粥

●原料　猪心120克，大米150克
●调料　葱花3克，姜末2克，料酒5克，盐3克，味精2克
●做法
①大米洗净，浸泡半小时；猪心洗净，剖开切成薄片，用盐、味精、料酒腌渍。
②大米放入锅中，加水煮沸，放入腌好的猪心、姜末，转中火熬煮10分钟。
③再改小火熬煮成粥，加入盐调味，撒上葱花即可。

 ## 黄瓜猪蹄粥

●原料　猪蹄120克，黄瓜片50克，木通、漏芦各10克，大米120克
●调料　盐2克，葱花、豆豉、枸杞子各适量
●做法
①木通、漏芦洗净，入锅煎煮后取汁；大米淘净泡好；猪蹄切块洗净，入锅炖好后捞出；枸杞子洗好。
②锅中加入清水、大米，用大火煮沸，下入猪蹄、豆豉、枸杞子，倒入药汁，熬煮至米粒开花时下入黄瓜片，转小火熬煮成粥，加盐调味，撒上葱花即可。

## 牛肉黄花蛋粥

●原料　大米、牛肉片各120克，鸡蛋1个，干黄花菜35克
●调料　葱花、姜丝、盐、咖喱粉各适量
●做法
①干黄花菜泡发洗净，捞出沥干，切粒；大米淘净，浸泡半小时；鸡蛋打入碗中，将蛋黄、蛋清分离，蛋黄搅匀成蛋液备用；牛肉片用盐、鸡蛋清腌渍。
②大米入锅加水煮沸，下黄花菜、姜丝熬煮，待粥快熬成时，下入咖喱粉搅匀，下入牛肉片煮至熟，加蛋液、盐调味，撒上葱花。

## 🍴 韭菜牛肉粥

●原料　韭菜35克，牛肉80克，红椒20克，大米100克

●调料　盐3克，胡椒粉3克，姜末适量

●做法

①韭菜洗净切段；大米淘净泡好；牛肉洗净切片；红椒洗净切圈。

②大米放入锅中，加适量清水，大火烧开，下入牛肉和姜末，转中火熬煮至粥将成。

③放入韭菜、红椒，待粥熬至浓稠时，加盐、胡椒粉调味即可。

## 🍴 牛肉鸡蛋大米粥

●原料　牛里脊肉100克，鸡蛋2个，大米80克

●调料　盐3克，鸡精2克，香菜段适量

●做法

①牛里脊肉洗净切片；大米淘净，浸泡半小时后捞出沥干水；鸡蛋打入碗中，拌匀。

②大米入锅，加适量清水以旺火烧沸，下入牛里脊肉，转中火熬煮至米粒软散。

③待粥快熬好时，下入鸡蛋液并搅匀，加盐、鸡精调味，撒上香菜段即可。

## 🍴 豆芽牛丸粥

●原料　黄豆芽50克，牛肉丸120克，大米80克

●调料　盐3克，姜丝6克，葱花少许

●做法

①黄豆芽洗净，去除根部；牛肉丸洗净，对切；大米淘净，浸泡半小时。

②大米放入锅中，加适量清水，旺火煮沸，下入牛肉丸、姜丝，用中火熬煮至米粒软散。

③待粥快熬好时，下入黄豆芽煮至熟，调入盐调味，撒入葱花即可。

## 🍴 牛肚青菜粥

- ●原料　牛肚120克，青菜30克，大米80克
- ●调料　盐3克，鸡精1克
- ●做法

①青菜洗净切碎；牛肚洗净，入开水中烫熟后捞出切丝；大米淘净泡好。

②锅中注水，下入大米，旺火煮沸，下入牛肚，改中火熬煮至米粒软散。

③转小火，熬煮成粥，下入青菜拌匀，调入盐、鸡精调味即可。

## 🍴 羊肉山药粥

- ●原料　羊肉100克，山药60克，大米80克
- ●调料　姜丝3克，葱花2克，盐3克，胡椒粉适量
- ●做法

①羊肉洗净切片；大米淘净，泡半小时；山药洗净，去皮切丁。

②锅中注水，下入大米、山药，大火煮开，再下入羊肉、姜丝，改中火熬煮半小时。

③用慢火熬煮成粥，加盐、胡椒粉调味，撒入葱花即可。

## 🍴 羊肉芹菜粥

- ●原料　芹菜50克，羊肉100克，大米80克
- ●调料　盐3克，味精1克
- ●做法

①芹菜洗净，切成小粒；羊肉洗净切片；大米淘净，泡半小时，捞出沥干水分备用。

②锅中注水，下入大米大火煮开，再下入羊肉转中火熬煮。

③待粥快熬好时，下入芹菜拌匀，加盐、味精调味即可。

## 🍴 羊肉萝卜粥

- ●原料　大米80克，羊肉100克，白萝卜120克
- ●调料　盐3克，鸡精2克，葱花5克
- ●做法

①白萝卜洗净，去皮，切块；羊肉洗净，切片；大米淘净，泡好。

②大米放入锅中，加入清水，旺火烧开，下入羊肉，转中火熬煮至米粒软散。

③下入白萝卜，慢火熬煮成粥，加盐、鸡精调味，撒入葱花即可。

## 🍴 羊肉虾米青菜粥

- ●原料　虾米50克，羊肉60克，大米适量，青菜少许
- ●调料　料酒10克，盐3克，姜末、葱白各适量
- ●做法

①青菜洗净，切碎；虾米收拾干净；羊肉洗净，切片，用料酒腌渍；大米淘净，泡好。

②锅中注水，放入大米，旺火煮沸，下入羊肉、虾米、姜末，转中火熬煮至米粒开花。

③下入葱白、青菜，熬煮成粥，调入盐调味。

## 🍴 豆腐羊肉粥

- ●原料　羊肉120克，豆腐50克，大米150克
- ●调料　盐3克，味精1克，葱花少许
- ●做法

①羊肉洗净切片；大米淘净，入清水中浸泡半小时；豆腐洗净搅碎。

②锅中注水，下入大米，大火煮开，下入羊肉，转中火熬煮至米粒开花。

③改小火，待粥熬出香味，下入豆腐稍焖，加盐、味精调味，撒入葱花即可。

## 🍴 狗肉枸杞粥

●原料 狗肉200克，枸杞子50克，大米80克
●调料 盐3克，生抽2克，料酒5克，味精3克，姜末2克，香油、葱花各适量
●做法
①狗肉洗净切块，用料酒、生抽腌渍，入锅炒至干身；大米淘净，浸泡半小时；枸杞子洗净。
②大米入锅，加适量清水，旺火煮沸，下入姜末、枸杞子，转中火熬煮。
③下入狗肉，转小火熬煮至粥浓稠，调入盐、味精调味，淋香油，撒入葱花即可。

## 🍴 鸡肉豆腐蛋粥

●原料 鸡肉、豆腐各30克，皮蛋1个，大米100克
●调料 盐、料酒、姜末、葱花、食用油各适量
●做法
①大米洗净，用清水浸泡；鸡肉洗净切小块；豆腐洗净切块；皮蛋去壳，洗净切丁。
②油锅烧热，入鸡肉块、料酒，加盐炒熟后盛出；锅置火上，注入清水，放入大米煮至熟，放入皮蛋、鸡肉、豆腐、姜末煮至粥成，放入盐调匀，撒上葱花即可。

## 🍴 山药鸡肉粥

●原料 白米1杯，山药300克，去骨鸡腿肉200克，枸杞子2大匙
●调料 高汤4杯
●做法
①白米洗净沥干水分；山药去皮后洗净切小丁；枸杞子洗净；鸡腿肉洗净切小丁，放入滚水中汆烫至变白，捞起备用。
②将除枸杞子外的所有材料放入锅中，加入高汤，用大火煮滚，转小火续煮至材料熟软，再加入枸杞子煮滚即可。

## 🍴 瑶柱鸡丝粥

●原料 瑶柱15克，鸡肉10克，米50克，瘦肉丝10克，葱花8克，姜丝5克，香菜末少许

●调料 盐1克，味精2克，鸡精3克，白糖1克，香油少许

●做法

①鸡肉洗净切丝；瑶柱泡发撕碎；米淘洗干净备用。

②砂锅中注水烧开，放入米煲成粥，放入瑶柱、姜丝煲5分钟，加入鸡肉、瘦肉煮熟，撒上葱花、香菜末，加入调味料即可食用。

## 🍴 乌骨鸡粥

●原料 乌骨鸡腿1只，红枣15颗，米50克

●调料 盐3克，参须1支

●做法

①米洗净泡水1小时；鸡腿洗净；参须洗净泡水1杯备用；红枣洗净。

②锅中注水，放入红枣、米，用大火煮开。

③加入鸡腿、参须水，煮开后，改用小火慢慢炖煮至稠，调入盐煮匀即可食用。

## 🍴 鸡丝木耳粥

●原料 大米150克，鸡脯肉50克，黑木耳30克，菠菜20克

●调料 盐3克，料酒6克，香油适量

●做法

①黑木耳泡发，洗净切丝；鸡脯肉洗净切丝，用料酒腌渍；菠菜洗净切碎；大米淘净。

②锅中注水，下入大米以大火烧沸，下入黑木耳，转中火熬煮至米粒开花，再下入鸡丝、菠菜，将粥熬出香味，加盐调味，淋上香油拌匀即可。

## 🍴 鸡肉小米粥

- ●原料　小米80克，母鸡肉150克
- ●调料　料酒6克，姜丝10克，盐3克，葱花少许，食用油适量
- ●做法

①母鸡肉洗净，切小块，用料酒腌渍；小米淘净，泡半小时。

②油锅烧热，爆香姜丝，放入腌好的鸡肉过油，捞出备用；锅中加适量清水烧开，下入小米，旺火煮沸，转中火熬煮出香味，再下入母鸡肉煲5分钟，加盐调味，撒上葱花。

## 🍴 鸡腿瘦肉粥

- ●原料　鸡腿肉150克，瘦猪肉100克，大米80克
- ●调料　姜丝4克，盐3克，味精、葱花各2克，香油适量
- ●做法

①猪肉洗净切片；大米淘净泡好；鸡腿肉洗净，切小块。

②锅中注水，下入大米，大火煮沸，放入鸡腿肉、猪肉、姜丝，中火熬煮至米粒软散。

③小火将粥熬煮至浓稠，调入盐、味精调味，淋香油，撒入葱花即可。

## 🍴 鸡翅火腿粥

- ●原料　鸡翅50克，火腿30克，香菇35克，大米120克
- ●调料　盐3克，姜汁5克，葱花4克
- ●做法

①火腿剥去肠衣后切片；香菇泡发，洗净切丝；大米淘净，浸泡半小时；鸡翅洗净，剁成块。

②锅中注水，下入大米，用大火煮沸，下入鸡翅、香菇再转中火熬煮，下入火腿，改小火熬煮成粥，加盐、姜汁调味，撒上葱花。

## 🍴 鸡蛋鸡肝粥

- ●原料　大米80克，鸡肝20克，鸡蛋1个
- ●调料　盐3克，料酒、葱花、食用油各适量
- ●做法

①大米淘洗干净，放入清水中浸泡；鸡肝收拾干净，切片。

②油锅烧热，烹入料酒，放入鸡肝炒至变色后盛出；锅置火上，注入清水，放入大米煮至五成熟，放入鸡肝，煮至米粒开花后磕入鸡蛋稍煮，加盐调匀，撒上葱花即可。

## 🍴 海带鸭肉枸杞粥

- ●原料　鸭肉200克，海带、大米各80克，枸杞子30克
- ●调料　盐3克，味精2克，葱花、食用油各适量
- ●做法

①海带洗净，泡发切丝；大米淘净泡好；枸杞子洗净；鸭肉洗净切块，入油锅中爆炒至水分全干后，盛出备用。

②大米入锅，放入水后煮沸，下入海带、枸杞子，转中火熬煮10分钟，再将鸭肉倒入锅中；待粥成时，调入盐、味精调味，撒上葱花即可。

## 🍴 冬瓜鹅肉粥

- ●原料　鹅肉150克，冬瓜50克，大米200克
- ●调料　生抽6克，姜丝10克，葱花、盐、鸡精、香油各适量
- ●做法

①鹅肉洗净切块，用生抽腌渍，入锅炖好；大米淘净泡好；冬瓜洗净，去皮切块。

②锅中加适量清水，放入大米，旺火烧沸，下入姜丝、冬瓜，转中火熬煮至米粒软散。

③放入鹅肉，待粥成时，加盐、鸡精调味，淋香油，撒入葱花即可。

水产海鲜粥 ▶

## 🍴 鱼蓉瘦肉粥

●原料 鱼肉25克，瘦肉、花生米、大米各15克，米50克，葱花10克，姜丝8克，香菜末少许

●调料 盐1克，味精2克

●做法

①鱼肉洗净入锅煮熟，取出待凉制成蓉；瘦肉洗净切碎；花生米洗净泡水涨发；大米洗净。

②砂锅中加洗净的米注水烧开，放入姜丝、花生米煮开，煲15分钟，放入鱼蓉、瘦肉煮熟至米开花，撒上葱花、香菜末，加入调味料即可。

## 🍴 干贝鱼片粥

●原料 干贝20克，草鱼肉50克，大米80克

●调料 盐3克，味精2克，料酒、香菜末、枸杞子、香油各适量

●做法

①大米淘洗干净，用清水浸泡片刻；草鱼肉收拾干净切块，用料酒腌渍去腥；干贝用温水泡发，撕成细丝。

②锅置火上，注入清水，放入大米煮至五成熟，放入鱼肉、干贝、枸杞子煮至米粒开花，加盐、味精、香油调匀，撒上香菜末即可。

## 🍴 豆豉鲤鱼粥

●原料 糯米100克，鲤鱼50克，豆豉10克

●调料 盐3克，枸杞子、葱花、香油、胡椒粉、料酒各适量

●做法

①糯米洗净，用清水浸泡；鲤鱼收拾干净后切小块，用料酒腌渍去腥；枸杞子洗净。

②锅置火上，放入糯米，加适量清水煮至五成熟。

③放入鱼肉、豆豉、枸杞子煮至米粒开花，加盐、香油、胡椒粉调匀，撒葱花即可。

# 🍴 鲤鱼冬瓜粥

● 原料　大米80克，鲤鱼50克，冬瓜20克
● 调料　盐3克，味精2克，姜丝、葱花、料酒、香油各适量
● 做法

① 大米淘洗干净，用清水浸泡；鲤鱼收拾干净切小块，用料酒腌渍去腥；冬瓜去皮洗净，切小块。

② 锅置火上，注入清水，放入大米煮至五成熟，放入鱼肉、姜丝、冬瓜煮至粥将成，加盐、味精、香油调匀，撒葱花即可。

# 🍴 青鱼芹菜粥

● 原料　大米80克，青鱼肉50克，芹菜20克
● 调料　盐3克，味精2克，料酒、枸杞子、姜丝、香油各适量
● 做法

① 大米淘洗干净，放入清水中浸泡；青鱼肉收拾干净改刀，用料酒腌渍；芹菜洗净切好。

② 锅置火上，注入适量清水，放入大米煮至五成熟。

③ 放入鱼肉、姜丝、枸杞子煮至粥将成，放入芹菜稍煮后加盐、味精、香油调匀即可。

#  黄花鱼火腿粥

● 原料　糯米80克，黄花鱼50克，火腿20克
● 调料　盐3克，料酒、胡椒粉、姜丝、葱花、香油各适量
● 做法

① 糯米洗净，放入清水中浸泡；黄花鱼收拾干净后切小片，用料酒腌渍去腥；火腿洗净切片。

② 锅置火上，放入清水，下入糯米煮至粥七成熟。

③ 放入鱼肉、姜丝、火腿煮至米粒开花，加盐、胡椒粉、香油调匀，撒葱花即可。

##  鲈鱼西蓝花粥

- **原料** 大米80克，鲈鱼50克，西蓝花20克
- **调料** 盐3克，味精2克，葱花、姜末、黄酒、枸杞子、香油各适量
- **做法**

① 大米洗净；鲈鱼收拾干净切块，用黄酒腌渍；西蓝花洗净掰成块；枸杞子洗净。

② 锅置火上，注入适量清水，放入大米煮至五成熟。

③ 放入鱼肉、西蓝花、姜末、枸杞子煮至米粒开花，加盐、味精、香油调匀，撒上葱花即可。

##  鳕鱼蘑菇粥

- **原料** 大米80克，冷冻鳕鱼肉50克，蘑菇、青豆各20克，枸杞子适量
- **调料** 盐、姜丝、香油、高汤各适量
- **做法**

① 大米、枸杞子分别洗净；鳕鱼肉洗净，用盐腌渍去腥；青豆、蘑菇分别洗净。

② 锅置火上，放入大米，加适量高汤煮至五成熟。

③ 放入鳕鱼、青豆、蘑菇、姜丝、枸杞子煮至米粒开花，加盐、香油调匀即可。

## 银鱼苋菜粥

- **原料** 小银鱼50克，苋菜10克，稠粥1碗
- **调料** 盐3克，味精2克，料酒、枸杞子、香油、胡椒粉各适量
- **做法**

① 小银鱼收拾干净，用料酒腌渍去腥；苋菜洗净备用；枸杞子洗净。

② 锅置火上，放入小银鱼，加适量清水煮至小银鱼熟。

③ 倒入稠粥，放入枸杞子、苋菜稍煮，加盐、味精、香油、胡椒粉调匀即可。

## 🍴 墨鱼猪肉粥

- ●原料　大米80克，墨鱼50克，猪肉20克
- ●调料　盐3克，味精2克，白胡椒粉、姜汁、葱花、料酒各适量
- ●做法

①大米洗净，用清水浸泡；墨鱼收拾干净后打上花刀，用料酒腌渍去腥；猪肉洗净切片。

②锅置火上，注入适量清水，放入大米煮至五成熟。

③放入墨鱼、猪肉、姜汁煮至米粒开花，加盐、味精、白胡椒粉调匀，撒葱花即可。

## 🍴 墨鱼粥

- ●原料　干墨鱼150克，粳米500克，猪肉30克
- ●调料　白胡椒粉8克，姜汁15克，葱汁20克，盐3克，味精2克
- ●做法

①干墨鱼用清水泡软，扯去皮、骨、眼，洗净，切成1厘米大的丁；猪肉洗净，切成同样的丁；粳米淘洗干净。

②锅内注水，下入干墨鱼、猪肉、白胡椒粉、姜汁、葱汁烧开，炖至五成熟。

③下入粳米、盐熬成粥，调入味精即可。

## 🍴 红枣带鱼粥

- ●原料　糯米、带鱼各50克，葱花15克，姜末10克，红枣5颗
- ●调料　香油15克，盐3克
- ●做法

①糯米洗净，泡水30分钟；带鱼洗净切块，沥干水分；红枣洗净泡发。

②红枣、糯米加适量水大火煮开，转用小火煮至成粥。

③加入带鱼烫熟，再拌入调味料，装碗后撒上葱花、姜末即可。

##  飘香鳝鱼粥

- ●原料 鳝鱼50克，大米100克，香菜叶、枸杞子、红椒片各适量
- ●调料 盐3克，料酒、胡椒粉、食用油各适量
- ●做法
①大米、枸杞子分别洗净，用清水浸泡；鳝鱼收拾干净，切段。
②油锅烧热，放入鳝鱼段，烹入料酒、盐，炒熟后盛出；锅置火上，放入大米，加清水煮至熟；放入鳝鱼段、枸杞子、红椒片煮至粥将成，加盐、胡椒粉调匀，撒上香菜叶即可盛碗。

##  海参青菜瘦肉粥

- ●原料 大米80克，猪肉100克，水发海参50克，青菜30克
- ●调料 盐3克，鸡精1克
- ●做法
①海参洗净，切成小段；猪肉洗净，切成薄片；青菜洗净切碎；大米淘净泡好。
②锅中注入适量清水，下入大米旺火烧开，放入海参、猪肉，煮至猪肉变熟。
③改小火熬煮成粥，再放入青菜煮熟，加盐、鸡精调味即可。

##  甲鱼红枣粥

- ●原料 大米100克，甲鱼肉30克，红枣10克，葱花、姜末各适量
- ●调料 盐、鲜汤、料酒、食用油各适量
- ●做法
①大米淘洗干净；甲鱼肉收拾干净，剁成小块；红枣洗净去核。
②油锅烧热，入甲鱼肉翻炒，烹入料酒，加盐炒熟后盛出。
③锅入清水、鲜汤、大米煮沸，放入甲鱼肉、红枣、姜末煮熟，加盐调匀，撒上葱花即可。

## 🍴 生菜虾粥

● 原料　大米100克，野生北极虾30克，生菜叶10克

● 调料　盐3克，香油、胡椒粉各适量

● 做法

① 大米洗净，用清水浸泡片刻；生菜叶洗净切丝；野生北极虾收拾干净。

② 锅置火上，注入清水，放入大米煮至五成熟，放入野生北极虾煮至粥将成，放入生菜稍煮，加盐、香油、胡椒粉调匀即可。

## 🍴 冬瓜蟹肉粥

● 原料　大米100克，蟹肉30克，冬瓜20克

● 调料　盐3克，味精2克，姜丝、葱花、料酒、香油各适量

● 做法

① 大米淘洗干净；蟹肉收拾干净，用料酒腌渍去腥；冬瓜去皮后洗净，切小块。

② 锅置火上，注入适量清水，放入大米煮至七成熟。

③ 放入蟹肉、冬瓜、姜丝煮至米粒开花，加盐、味精、香油调匀，撒上葱花即可。

## 🍴 螃蟹豆腐粥

● 原料　螃蟹1只，豆腐20克，白米饭80克

● 调料　盐3克，味精2克，香油、胡椒粉、葱花各适量

● 做法

① 螃蟹收拾干净后蒸熟，去壳取肉；豆腐洗净，沥干水分后研碎。

② 锅置火上，放入清水，烧沸后倒入白米饭，煮至七成熟。

③ 放入蟹肉、豆腐熬煮至粥将成，加盐、味精、香油、胡椒粉调匀，撒上葱花即可。

 # 蟹肉香菜粥

●原料　蟹肉90克，泰国香米500克，鸡蛋1个
●调料　姜汁、葱汁各18克，盐3克，白胡椒粉6克，香油15克，香菜末15克
●做法
①鸡蛋取蛋黄入碗打散；泰国香米洗净备用。
②锅内加适量水，下泰国香米煮20分钟，下入洗净的蟹肉、姜汁、葱汁、白胡椒粉、盐熬成粥，倒入蛋液微煮，淋入香油，撒上香菜末搅匀即成。

 # 生滚花蟹粥

●原料　花蟹1只，米50克，葱15克，姜10克
●调料　盐4克，味精2克，胡椒粉3克，料酒8克
●做法
①花蟹宰杀，洗净斩件，用盐、料酒稍腌；米淘洗干净；葱洗净切花；姜洗净切丝。
②锅中注水烧开，放入米煮至软烂，加入蟹件、姜丝煮开。
③调入盐、味精、胡椒粉调味，煮至熟且入味，撒上葱花即可。

 # 龙凤海鲜砂锅粥

●原料　蟹1只，虾10克，蚝仔5克，乳鸽1只，冬菜5克，米50克
●调料　盐1克，葱花、姜丝、香菜各少许
●做法
①蟹宰杀洗净斩块；虾去头、尾、脚，洗净开边；乳鸽宰杀洗净斩块；蚝仔洗净；冬菜洗净；香菜洗净切末；米淘洗干净备用。
②砂锅中注水烧开，放入米煲成粥，加入蟹、乳鸽煲8分钟，放入冬菜、姜丝、虾、蚝仔煮熟，撒上葱花、香菜末，加盐煮匀。

## 🍴 火腿泥鳅粥

●原料　大米80克，泥鳅50克，火腿20克
●调料　盐3克，料酒、胡椒粉、香油、香菜、食用油各适量
●做法

① 大米淘洗干净，入清水浸泡；泥鳅治净后切小段；火腿洗净，切片；香菜洗净切碎。
② 油锅烧热，放入泥鳅段翻炒，烹入料酒，加盐，炒熟后盛出；锅置火上，注入清水，放入大米煮至五成熟；放入泥鳅段、火腿煮至米粒开花，加盐、胡椒粉、香油调匀，撒上香菜即可。

## 🍴 大蒜鱼片粥

●原料　鱼肉50克，白米1/2杯，蒜片20克，姜3片
●调料　盐1/4小匙，葱花少许，食用油适量
●做法

① 白米淘洗干净，加水浸泡30分钟；鱼肉切片，两面抹上盐腌渍片刻。
② 将白米煮成稠粥，装碗。
③ 起油锅，爆香蒜、姜，再放入鱼片煎至金黄色，加盐调味，置于粥上，撒葱花即可。

## 🍴 海味鲜粥

●原料　太子参15克，冬菜5克，虾10克，鲜鱿仔20克，米50克
●调料　盐1克，葱花、姜丝、香菜末各5克
●做法

① 太子参洗净切段；虾去壳、泥肠，洗净；鲜鱿仔去肚洗净；冬菜洗净；米淘洗干净。
② 砂锅中注水烧开，放入米煮成粥，加入太子参、姜丝、冬菜、虾、鲜鱿仔煮熟，放入葱花、香菜末拌匀，加盐调味即可食用。

## 🍴 红枣桂圆粥

- ●原料 大米100克，桂圆肉、红枣各20克
- ●调料 红糖10克，葱花少许
- ●做法

①大米淘洗干净，放入清水中浸泡；桂圆肉、红枣洗净备用。

②锅置火上，注入清水，放入大米，煮至粥将成。

③放入桂圆肉、红枣煨煮至酥烂，加红糖调匀，撒葱花即可。

## 🍴 红枣苦瓜粥

- ●原料 红枣、苦瓜各20克，大米100克
- ●调料 蜂蜜适量
- ●做法

①苦瓜洗净，剖开去瓤，切成薄片；红枣洗净去核，切成两半；大米洗净泡发。

②锅置火上，注入适量清水，放入大米、红枣，用旺火煮至米粒绽开。

③放入苦瓜，用小火煮至粥成，放入蜂蜜调匀即可。

## 🍴 花生银耳粥

- ●原料 银耳20克，花生米30克，大米80克
- ●调料 白糖3克
- ●做法

①大米泡发洗净；银耳泡发，洗净切碎；花生米泡发，洗净备用。

②锅置火上，注入适量清水，放入大米、花生米煮至米粒开花。

③放入银耳，煮至浓稠，调入白糖拌匀即可。

## 百合桂圆薏米粥

- 原料 百合、桂圆肉各25克，薏米100克
- 调料 白糖5克，葱花少许
- 做法

① 薏米洗净，放入清水中浸泡；百合、桂圆肉洗净。

② 锅置火上，放入薏米，加适量清水煮至粥将成。

③ 放入百合、桂圆肉煮至米烂，加白糖稍煮后调匀，撒葱花即可。

## 双瓜糯米粥

- 原料 南瓜、黄瓜各适量，糯米粉20克，大米90克
- 调料 盐2克
- 做法

① 大米泡发洗净；南瓜去皮，洗净后切小块；黄瓜洗净切小块；糯米粉加适量温水搅匀成糊。

② 锅置火上，注入清水，放入大米、南瓜煮至米粒绽开后，再放入搅成糊的糯米粉稍煮。

③ 下入黄瓜，改用小火煮至粥成，调入盐入味，即可食用。

## 莲藕糯米甜粥

- 原料 莲藕、花生米、红枣各15克，糯米90克
- 调料 白糖6克
- 做法

① 糯米泡发洗净；莲藕洗净切片；花生米洗净；红枣去核洗净。

② 锅置火上，注入清水，放入糯米、藕片、花生米、红枣，用大火煮至米粒完全绽开。

③ 改用小火煮至粥成，加入白糖调味即可。

## 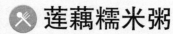 莲藕糯米粥

- ●原料 莲藕30克，糯米100克
- ●调料 白糖5克，葱少许
- ●做法

①莲藕洗净切片；糯米泡发洗净；葱洗净切花。

②锅置火上，注入清水，放入糯米用大火煮至米粒绽开。

③放入莲藕，用小火煮至粥浓稠时，加入白糖调味，再撒上葱花即可。

## ✕ 萝卜糯米燕麦粥

- ●原料 燕麦片、糯米各40克，胡萝卜30克
- ●调料 白糖4克，香菜段适量
- ●做法

①糯米洗净，浸于冷水中浸泡半小时后捞出沥干水分；燕麦片洗净备用；胡萝卜洗净切丁。

②锅置火上，倒入适量清水，放入糯米与燕麦片后以大火煮开。

③加入胡萝卜同煮至粥呈浓稠状，调入白糖拌匀，撒上香菜段即可。

## ✕ 冬瓜白果姜粥

- ●原料 冬瓜25克，白果20克，姜末少许，大米100克，高汤半碗
- ●调料 盐2克，胡椒粉3克，葱少许
- ●做法

①白果去壳、皮后洗净；冬瓜去皮，洗净切块，大米洗净泡发；葱洗净切花。

②锅置火上，注入水后，放入大米、白果，用旺火煮至米粒完全开花。

③放入冬瓜、姜末，倒入高汤，改用小火煮至粥成，调入盐、胡椒粉调味，撒上葱花即可。

# 山药芝麻小米粥

- ●原料　山药、黑芝麻各适量，小米70克
- ●调料　盐2克，葱8克
- ●做法

①小米泡发洗净；山药去皮洗净切丁；黑芝麻洗净；葱洗净切花。

②锅置火上，倒入清水，放入小米、山药煮开。

③加入黑芝麻同煮至浓稠状，调入盐拌匀，撒上葱花即可。

# 山药青豆竹笋粥

- ●原料　大米100克，山药25克，竹笋、青豆各适量
- ●调料　盐3克，味精1克
- ●做法

①山药去皮，洗净后切块；竹笋洗净切片；青豆洗净；大米泡发洗净。

②锅内注水，放入大米，用大火煮至米粒绽开，放入山药、竹笋、青豆。

③改用小火煮至粥成，调入盐、味精入味即可食用。

# 松子花生粥

- ●原料　花生米30克，松子仁20克，大米80克
- ●调料　盐2克，葱8克
- ●做法

①大米泡发洗净；松子仁、花生米均洗净；葱洗净，切花。

②锅置火上，倒入清水，放入大米煮开。

③加入松子仁、花生米同煮至浓稠状，调入盐拌匀，撒上葱花即可。

## 山楂玉米粥

- ●原料　大米100克，山楂片20克，胡萝卜丁、玉米粒各少许
- ●调料　砂糖5克
- ●做法

①大米洗净，放入清水中浸泡；胡萝卜丁、玉米粒洗净备用；山楂片洗净，切成细丝。

②锅置火上，注入清水，放入大米煮至八成熟。

③放入胡萝卜丁、玉米粒、山楂丝煮至粥将成，放入砂糖调匀即可。

## 白菜薏米粥

- ●原料　大米、薏米各40克，芹菜、白菜各适量
- ●调料　盐2克
- ●做法

①大米、薏米均泡发洗净；芹菜、白菜均洗净切碎。

②锅置火上，倒入清水，放入大米、薏米煮至开花。

③待煮至浓稠状时，加入芹菜、白菜稍煮，调入盐拌匀即可。

## 芹菜玉米粥

- ●原料　大米100克，芹菜、玉米粒各30克
- ●调料　盐2克，味精1克
- ●做法

①芹菜、玉米粒洗净，芹菜切碎备用；大米泡发洗净。

②锅置火上，注水后，放入大米用旺火煮至米粒绽开。

③放入芹菜、玉米粒，改用小火焖煮至粥成，调入盐、味精入味即可食用。

## Part 6

# 中西各式名小吃，其实没您想的那么难

　　本章将为大家介绍一些中式小吃和西式小吃的做法。中式小吃是中国传统饮食文化不可缺少的一部分，向来深受人们喜爱。它是用中国传统工艺加工制作的小吃点心，特点是讲究面皮与馅料种类丰富多样，烹饪上有煎、炸、蒸、烤等多种方法，同时甜咸兼备、口感丰富。西式小吃是采用西式制作方法烘焙的食物。很多人认为西式小吃的制作有点麻烦，其实不然，只要肯花点时间和心思，学会正确的制作技巧，就能做出美味可口的西式小吃！

## 🍴 七彩水晶盏

● 皮料 澄面90克，淀粉400克，清水适量
● 馅料 西芹、胡萝卜、虾仁、冬菇、云耳、猪肉各50克，盐3克，糖7克，香油少许

1 清水煮沸，加入淀粉、澄面。

2 烫熟后倒出放在案板上。

3 搓至面团纯滑。

4 面团分切成小面团，压薄备用。

5 馅料均洗净，切碎，加入调味料拌匀即可。

6 用薄皮包入馅料。

7 将包口收捏紧成形。

8 用旺火蒸大约8分钟至熟即可。

## 水晶叉烧盏

- ●皮料　澄面90克，面粉100克，粟粉50克，淀粉适量，热水550克
- ●馅料　叉烧250克，盐8克，砂糖10克，鸡精7克，蚝油15克

澄面、面粉、粟粉、淀粉、热水混合烫熟。

倒在桌子上。

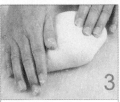

搓揉至面团纯滑。

搓成长条状，分切成每个30克的小面团。

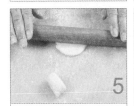

将面团擀成圆形薄皮。

叉烧切碎与调料拌匀成馅，再用面皮包入馅料。

收口捏紧，放入锡模具内。

放入蒸笼内稍松弛，用大火蒸约8分钟。

黑糯米盏

●原料 黑糯米250克，红樱桃适量
●调料 白糖100克，油20克，水200克

**1** 黑糯米洗净，装入碗中，加水，放入蒸笼蒸透。

**2** 黑糯米取出后加入砂糖拌匀。

**3** 再加入油。

**4** 拌至完全混合有黏性。

**5** 搓成米团状。

**6** 放入圆盏内。

**7** 摆放于碟中。

**8** 再用红樱桃装饰即可。

冬瓜蓉酥

● 皮料　蛋黄液适量，由面团、酥面按1:1的比例制成的酥皮200克
● 馅料　冬瓜条50克

将冬瓜条切成蓉。

取一张酥皮，放入切好的冬瓜蓉。

将边缘向中间折起，捏紧。

搓成椭圆形。

均匀地扫上一层蛋黄液。

入烤箱中，用上火200℃、下火150℃的炉温烤10分钟即可。

**豆沙麻枣**

- 皮料 糯米粉500克，糖、蓝桂坊猪油各150克，清水250克，澄面150克
- 馅料 豆沙馅250克，芝麻适量

将清水、糖放在一起煮开，加入糯米粉、澄面。

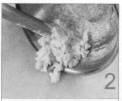

澄面、糯米粉烫熟后扣倒在案板上搓匀。

加入猪油搓至面团纯滑。

将面团搓成长条形状。

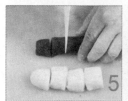

分切成30克每个的小面团，并将豆沙馅切好。

将小面团压薄，包入豆沙馅成形。

粘上芝麻。

以150℃油温炸至浅金黄色即可。

**豆沙扭酥**

- 皮料　面团、酥面各125克，蛋黄液适量
- 馅料　豆沙250克

1

将面团擀薄，酥面擀成面片一半的大小。

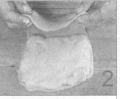

2

酥面片放在面片上，对折起来后擀薄。

3

再次对折起来擀薄。

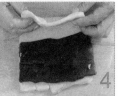

4

豆沙擀成面片一半大小，放在面片上对折。

5

切成条形。

6

拉住两头旋转，扭成麻花形。

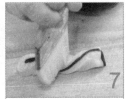

7

均匀地扫上一层蛋黄液。

8

放入烤箱中烤10分钟，取出即可。

## 莲花酥

- ●水皮 中筋面粉250克，细糖40克，全蛋50克，清水100克，猪油30克
- ●馅料 莲蓉、蛋黄液各适量
- ●油心 猪油40克，低筋面粉130克

**1** 中筋面粉开窝，加入糖、猪油、蛋和清水。

**2** 拌至糖溶化，将中筋面粉拌入，搓成纯滑面团。

**3** 用保鲜膜包起，松弛备用。

**4** 用猪油、低筋面粉揉成油心，备用。

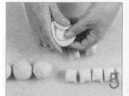

**5** 将水皮、油心按3:2的比例，切成小面团。

**6** 用水皮包入油心，擀开后卷起成条状。

**7** 折起成三折，擀薄，包入莲蓉馅成型。

**8** 扫蛋黄液，切十字形，入烤箱烤熟即可。

 **笑口酥**

●原料 糖粉、全蛋各150克，高筋面粉75克，低筋面粉340克

●调料 酥油38克，泡打粉11克，淡奶38克，芝麻适量

1 酥油与过筛的糖粉混合搓匀。

2 分次加入全蛋、淡奶搓匀。

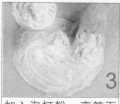

3 加入泡打粉、高筋面粉、低筋面粉搓匀。

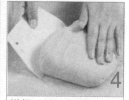

4 搓揉至面团纯滑。

5 搓成长条状。

6 分割成小等份。

7 搓圆后放入装满芝麻的碗中。

8 面团粘满芝麻，入锅炸成金黄色即可。

# 🍴 苹果酥

- ●原料 苹果1个，面粉200克，清水适量
- ●调料 白芝麻适量，白糖15克，杏子酱20克
- ●做法

①苹果去皮洗净，入锅中煮软，打成泥，再与面粉、糖兑适量清水揉匀。

②将揉匀的面团用擀面杖擀成一张饼状，将杏子酱涂抹在饼上，再撒上洗净的白芝麻，放入烤箱中烤30分钟。

③取出，切成合适大小，排于盘中即可。

# 🍴 蝴蝶酥

- ●皮料 面粉100克，蜂蜜25克，奶油20克，蛋黄液30克，白糖15克，水适量
- ●馅料 豆沙馅50克
- ●做法

①用水将糖化开，加奶油和面粉进行揉搅。

②将面团摘剂擀成皮，包上豆沙馅，封严系口成薄圆饼，然后用刀切成四条，摆成蝴蝶状，把四条面相互粘牢，呈皮馅分明的蝴蝶状。

③在面团上淋上些蜂蜜，刷上蛋黄液，入烤箱烤熟即可。

# 🍴 肉松酥

- ●原料 面粉150克，奶油、奶黄各40克，鸡蛋液50克，肉松60克，水适量
- ●调料 蜂蜜10克，白糖15克
- ●做法

①面粉加水、奶油、鸡蛋液及糖和好。

②将面团分成大小均匀的若干等份，每份擀成薄片后对折，再擀再折，重复几次。

③将擀好的小面团拍成薄饼，表面滴几滴蜂蜜，包入奶黄、肉松对折，捏好封口，最后放入热油中炸至金黄色，起锅沥油即可。

## 🍴 月亮酥

- ●皮料 面粉、白糖、蛋液各适量
- ●馅料 豆沙馅、熟咸蛋黄各适量
- ●做法

①咸蛋黄用豆沙包好。

②面粉加水、白糖调匀，揉成面团，再下成小剂子，用擀面杖擀薄，包入豆沙馅，做成球形生坯。

③将生坯刷上一层蛋液，入烤箱烤熟，取出切开即可。

## 🍴 一品酥

- ●原料 黑糯米150克，水适量
- ●调料 红糖10克，脆浆适量
- ●做法

①黑糯米淘净，打成米浆，用布袋吊着沥水。

②红糖加水拌好，加入沥好水的米浆中充分揉匀，静置半小时。

③取适量米浆拍扁，裹上脆浆，入油锅中浸炸，至表面变脆，捞起待凉，切成整齐的长方形条状，码好即可。

## 🍴 萝卜丝芝麻酥

- ●皮料 面粉、白芝麻、黄油、水各适量
- ●馅料 萝卜丝、盐各适量
- ●做法

①萝卜丝入盐水腌渍，捞起沥干。

②一半面粉加黄油、水和成水油皮后静置，剩余面粉加黄油和成油酥。

③用水油皮包裹油酥，收口朝下，翻折再擀，重复几次。

④面团分6等份，包入萝卜丝，搓成长条形状，一面沾上芝麻，入油锅中炸至熟即可。

## 蛋黄甘露酥

- **皮料** 低筋面粉200克，白糖、黄油、发酵粉各15克，鸡蛋2个，莲子120克，咸蛋黄1个
- **馅料** 冰糖15克，水适量
- **做法**

①白糖、黄油先搓透，打入一个鸡蛋、低筋面粉、发酵粉和匀，擀成坯皮；另一个鸡蛋搅成蛋液备用。

②莲子加水、冰糖入高压锅煮熟，捞出用勺压烂，趁热放入咸蛋黄拌匀揉成馅；用坯皮将馅包住，抹上蛋液，放入烤箱里烤熟即可。

## 飘香橄榄酥

- **原料** 橄榄、酥皮、鸡蛋液、水各适量
- **调料** 白糖、三花淡奶各适量
- **做法**

①橄榄洗净，取肉切末；酥皮擀薄切开，捏在菊花模型上成挞皮待用。

②白糖加开水融化，入三花淡奶、橄榄末搅匀，加入鸡蛋液，做成蛋挞水。

③将蛋挞水倒入挞皮中，入烤箱中烤10分钟即可。

## 豆沙千层酥

- **皮料** 面粉、黄油各200克，芝麻10克，蛋液少量，白糖15克，水适量
- **馅料** 豆沙60克
- **做法**

①取部分黄油软化，加面粉、白糖、水揉成面团，放半小时，擀成面片。

②将剩余黄油切片，包上保鲜膜，擀成薄片，放冰箱冷藏半小时后取出，放入面片中包好，擀成长方形，再重复两次折叠，擀成圆形酥皮。

③用酥皮包入豆沙，刷蛋液，撒洗净的芝麻，入烤箱烤熟即可。

##  徽式一口酥

●皮料　豆皮14张
●馅料　白糖15克，花生200克，芝麻150克，温水适量
●做法
①将花生、芝麻洗净入锅炒香，磨成粉，放白糖、温水调和均匀成馅。
②用豆皮将馅包好，放入油锅炸至金黄酥脆即可。

##  龙眼酥

●皮料　面粉250克，白糖10克，猪油、水各适量
●馅料　熟面粉、芝麻酱各20克，芝麻60克，白糖5克，猪油适量
●做法
①面粉、白糖、猪油、水搅匀，揉成油皮；面粉与猪油拌匀为油酥；用油皮包入油酥，擀成牛舌形，对折后再擀成薄面皮，由外向内卷成圆筒，切成面剂。
②芝麻洗净炒熟，磨成末，与白糖、芝麻酱、熟面粉、猪油揉成馅；面剂按成有酥纹的圆皮，包馅，封口朝下，入油锅炸熟即可。

##  美味莲蓉酥

●原料　莲蓉50克，面粉200克，鸡蛋3个，水适量
●调料　白糖、黄油各15克
●做法
①取两个鸡蛋打散装入碗中，再将一个鸡蛋取出蛋黄待用。
②面粉加适量清水搅拌均匀，再加入莲蓉、打散的鸡蛋、白糖、黄油揉匀，并静置15分钟。
③取面团捏成圆状，在上面涂上蛋黄液，装入油纸中，再放入烤箱烤20分钟，取出即可。

## 🍴 煎饼

- ●原料 面粉300克，瘦肉30克，水适量
- ●调料 鸡蛋2个，盐、香油、食用油各适量
- ●做法
①瘦肉洗净切末；鸡蛋打散。
②面粉兑适量清水调匀，再加入鸡蛋液、瘦肉末、盐、香油一起拌匀成面浆。
③油锅烧热，放入面浆，煎至金黄色时，起锅切块，装入盘中即可。

## 🍴 土豆饼

- ●原料 土豆40克，面粉120克，水适量
- ●调料 盐2克，食用油适量
- ●做法
①土豆去皮洗净，煮熟后捣成泥备用。
②将土豆泥、面粉加适量清水拌匀，再加入盐揉成面团。
③将面团做成饼，放入油锅中煎至两面呈金黄色，起锅装盘即可。

## 🍴 酸菜饼

- ●原料 面粉300克，酸菜100克，水适量
- ●调料 盐3克，食用油适量
- ●做法
①酸菜洗净切碎。
②面粉加少许盐和适量清水调匀，再加入酸菜一起搅拌均匀成面浆。
③锅中注油烧热，倒入搅匀的面浆煎至饼成，起锅切块，装盘即可。

## 🍴 芋头饼

●**皮料** 芝麻20克，饼干10片
●**馅料** 芋头100克，糯米粉30克，糖15克，食用油适量
●**做法**
①芋头去皮洗净，切成片，入蒸笼蒸熟，趁热捣碎成泥，加入糖、糯米粉拌匀。
②将芋头糊夹入两片饼干中，轻轻按压，再在饼干周围刷点淀粉水，粘上芝麻。
③油锅烧至六成热，将芋头饼放入其中，慢火炸至表面脆黄即可。

## 🍴 蔬菜饼

●**原料** 面粉300克，鸡蛋2个，胡萝卜、水适量
●**调料** 香菜末、盐、香油、食用油各适量
●**做法**
①鸡蛋打散；胡萝卜洗净切丝。
②面粉加适量清水调匀，再加入蛋液、香菜末、胡萝卜丝、盐、香油调匀。
③锅中注油烧热，放入调匀的面浆，煎至金黄色后起锅，切块装盘，撒上香菜末即可。

## 🍴 双喜饼

●**皮料** 面粉300克，水适量
●**馅料** 盐3克，韭菜50克，鸡蛋2个，豆沙50克，食用油适量
●**做法**
①鸡蛋打散，入锅煎成蛋饼后切碎；韭菜洗净切碎。
②将蛋碎、韭菜、盐拌匀做馅；面粉加适量清水揉匀成团。
③将面团分成8个剂后擀扁，4个包入豆沙馅，另外4个包入鸡蛋馅，均做成饼，放入油锅中煎熟即可。

## 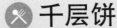 千层饼

- ●原料 面粉300克，温水适量
- ●调料 酵母5克，豆油、碱、食用油各适量
- ●做法

①面粉倒在案板上，加酵母、温水和成发酵面团，待酵面发起，加入碱液揉匀。

②面团搓成条，揪成若干面剂，擀成长方形面片，刷豆油，撒干面粉后叠起。

③把剂包严，擀成宽椭圆形饼，下油锅中煎至两面金黄色，取出切菱形的块状，摆盘即可。

##  奶黄饼

- ●皮料 面粉200克，糖、香油各10克，水适量
- ●馅料 奶黄馅30克
- ●做法

①面粉加适量清水搅拌成絮状，再加糖、香油揉匀成光滑的面团。

②将面团摘成小剂子，按扁，包上奶黄馅，做成饼状。

③将做好的饼放入烤箱中烤30分钟，至两面金黄色时即可。

## 手抓饼

- ●原料 面粉200克，鸡蛋2个，水适量
- ●调料 黄油20克，白糖3克，食用油适量
- ●做法

①面粉加入打散的鸡蛋液、黄油、水、白糖揉制成面团后醒发。

②面团取出搓成长条，撒面粉，擀成长方形薄片，依次刷食用油、黄油，对折后再刷两次油，再次对折成长条，拉起两边扯长后从一头卷起成盘，擀制成薄厚均匀的圆饼，放入平锅中煎至两面金黄，撕开即可。

## 🍴 南瓜饼

●原料 南瓜50克，面粉150克，蛋黄1个，水适量
●调料 糖、香油各15克
●做法
①南瓜去皮洗净，入蒸锅中蒸熟后，取出捣烂。
②将面粉兑适量清水搅拌成絮状，再加入南瓜、蛋黄、糖、香油揉匀成面团。
③将面团擀成薄饼，放入烤箱中烤25分钟，取出，切成三角形块，装盘即可。

## 🍴 糯米饼

●原料 糯米粉250克，黑芝麻、白芝麻各10克，豆沙50克，水适量
●调料 糖15克，食用油适量
●做法
①糯米粉加适量清水拌匀，再揉匀成面团。
②将糯米面团擀薄，抹上豆沙、糖，然后对折叠起，再擀成饼状，在两面均粘上芝麻。
③放入油锅中煎熟，起锅切成方块，装盘即可。

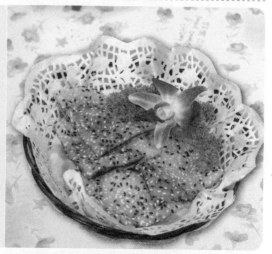

## 🍴 金钱饼

●原料 面粉200克，鸡蛋2个，水适量
●调料 糖、香油各15克，食用油适量
●做法
①鸡蛋打散。
②面粉兑适量清水搅拌成絮状，再加入鸡蛋液、糖、香油揉匀成团。
③将面团分成若干小剂，捏成环状的小饼，放入油锅中炸熟，起锅串起即可。

# 🍴 牛肉烧饼

- ●皮料 面粉200克，水适量
- ●馅料 牛肉50克，盐3克，辣椒油10克
- ●做法

①牛肉洗净切末，加盐、辣椒油拌匀入味后待用。

②将面粉加适量清水搅拌均匀揉成面团，再摘成面剂，用擀面杖擀成面饼，铺上牛肉末，对折包起来。

③在面饼表面刷一层辣椒油，下入煎锅中煎至两面金黄色即可。

# 🍴 绿豆煎饼

- ●原料 绿豆粉200克，水适量
- ●调料 香菜、盐各少许，红椒10克，食用油适量
- ●做法

①红椒洗净切片；香菜洗净。

②绿豆粉加适量清水、盐搅拌成絮状，再加入盐揉匀，分成若干小剂。

③将面剂擀成薄饼，用红椒、香菜稍加点缀，放入油锅中炸至金黄即可。

# 🍴 家乡软饼

- ●原料 面粉200克，鸡蛋3个，水适量
- ●调料 盐2克，香油、葱各10克，食用油适量
- ●做法

①鸡蛋打散；葱洗净切花。

②面粉加适量清水调匀，再加入鸡蛋液、盐、香油、葱花和匀。

③油锅烧热，放入面浆煎至金黄，起锅切块，装入盘中即可。

## 🍴 潮式炸油果

- ●皮料 红薯120克，糯米粉200克
- ●馅料 熟花生米50克，熟芝麻15克，红糖20克，食用油适量
- ●做法

①花生、芝麻与红糖混合均匀，即成馅料。

②红薯洗净，去皮切末，入笼蒸熟后，拌入糯米粉，搓匀成粉团，再均匀地切成小块，即成油果皮。

③在油果皮中包入馅料，揉成三角形，捏紧剂口，放入油锅中炸熟即可。

## 🍴 豆沙松仁果

- ●原料 红豆200克，松仁60克，水适量
- ●调料 白糖30克，色拉油适量
- ●做法

①红豆加水入锅煮软，用纱网过滤后压碎，再放入锅中，加少许水、白糖、色拉油一起煮，并不断搅拌，冷却后即成红豆沙。

②将豆沙揉成圆团，在表面粘上洗净的松仁，放入油锅炸至金黄即可。

## 🍴 奶黄西米球

- ●皮料 白糖25克，糯米粉200克，猪油50克，西米50克，开水适量
- ●馅料 黄油120克，鸡蛋1个，牛奶50克，吉士粉15克，白糖15克
- ●做法

①糯米粉加猪油、白糖、开水揉成表面光滑的面团；黄油软化，加白糖、鸡蛋、牛奶、吉士粉拌匀，隔水蒸好成奶黄馅；西米泡发至透明状。

②将面团搓条，摘成小剂子按扁，包入奶黄馅搓成球形，均匀地粘上西米，蒸熟即可。

## 🍴 糖熘卷果

- ●原料　面粉200克，花生米30克，红枣30克，白芝麻少许，水适量
- ●调料　红糖20克
- ●做法

①红枣洗净去核后切碎；花生米洗净；白芝麻洗净，入锅中炒香，再放红糖和清水炒成糖浆。

②面粉加适量清水调匀，加入花生米、红枣揉匀成团，擀平切成块，放入烤箱中烤20分钟，取出浇上炒匀的白芝麻与红糖糖浆即可。

## 🍴 安虾咸水角

- ●皮料　糯米粉250克，盐、水各适量
- ●馅料　瘦肉100克，虾米、冬菇各35克，葱35克，酱油10克，盐3克，食用油适量
- ●做法

①虾米、瘦肉、冬菇、葱洗净剁碎，放入酱油、盐调味，入油锅爆香成馅料，盛出。

②将水煮滚，放入盐搅匀，冲入糯米粉中，拌匀后趁热把糯米粉搓成粉团，再切成剂子，捏成团后包入馅料，捏成角状，入锅炸至表面呈金黄色时捞出即可。

## 🍴 巴山麻团

- ●皮料　糯米粉200克，白糖25克，芝麻50克，巧克力屑15克，水适量
- ●馅料　豆沙100克，白糖、水、食用油各适量
- ●做法

①糯米粉加水、白糖揉匀，摘成小剂子；将豆沙、白糖加水搅匀，即成豆沙馅料。

②将剂子搓圆，包入少许豆沙馅料，揉成圆形，再在洗净的芝麻中滚一下，成生麻团；油锅烧至六成热，放入生麻团，大火炸至呈金黄色后捞出，沥干油，撒上巧克力屑即可。

## 🍴 拔丝鲜奶

●原料　面粉250克，油、牛奶、水、淀粉、巧克力屑各适量
●调料　发酵粉适量，白糖100克，食用油适量
●做法
①面粉加油、水、发酵粉拌匀，调成脆浆。
②把牛奶、白糖、淀粉加水混匀，倒入锅中翻动，制成团状，冷却后粘上脆浆。
③油锅烧热，下入鲜奶团炸至金黄色后捞出；将油加水和糖熬成金黄色，放入炸好的鲜奶块，搅匀后撒上巧克力屑即可。

## 🍴 椰香糯米糍

●原料　糯米粉200克，椰汁50克，椰糠30克
●调料　白糖20克，花瓣少许
●做法
①糯米粉加椰汁搅拌成面团，再加入白糖揉匀。
②将糯米粉团搓成圆状，放入蒸锅中蒸20分钟。
③取出滚上椰糠后装盘，用花瓣点缀即可。

##  脆皮奶黄

●皮料　面粉150克，白糖、水各适量
●馅料　鸡蛋1个，黄油、牛奶、吉士粉各20克，白糖15克，食用油适量
●做法
①将黄油软化，加入白糖、鸡蛋、牛奶、吉士粉拌匀，隔水蒸好，做成奶黄馅。
②面粉、白糖加水调匀成面团，摘成小剂子，再将剂子揉匀，包入奶黄馅，捏紧剂口。
③锅置火上，烧至七成热，下入奶黄团，炸至金黄色后捞出，沥干油即可。

**西式小吃▶**

## 🍴 冰花酥

●原料 白奶油63克，小苏打1克，泡打粉2克，蛋清30克，低筋面粉125克
●调料 砂糖85克

1 把白奶油、砂糖、小苏打、泡打粉拌匀。

2 分次加入蛋清拌匀。

3 加入低筋面粉拌匀至无粉粒。

4 取出在案台上搓揉成光滑面团。

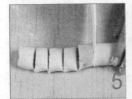

5 搓成长条状，分切成小份。

6 搓圆、压扁，在中间压孔。

7 表面粘上砂糖粒，排入烤盘，静置30分钟。

8 入烤箱烘烤约30分钟至完全熟透即可。

# 香菜饼干

●原料 奶油62克，糖粉40克，色拉油40克，清水40克，低筋面粉175克，香菜碎25克
●调料 食盐1克

**1** 把奶油、糖粉、食盐混合，先慢后快，打至奶白色。

**2** 分次加入色拉油、清水，拌透。

**3** 加入低筋面粉、香菜碎完全拌匀至无粉粒。

**4** 装入套有花嘴的裱花袋内，挤在高温布上。

**5** 移至钢丝网上，入烤箱，以160℃的温度烘烤。

**6** 约烤25分钟，至完全熟透，出炉，冷却即可。

# 菊花饼

●原料　奶油60克，糖粉50克，液态酥油40克，清水40克，低筋面粉170克，吉士粉10克，奶香粉2克，草莓果酱适量

1　把奶油、糖粉混合在一起，打至奶白色。

2　分次加入液态酥油、清水，搅拌均匀至无液体状。

3　加入低筋面粉、吉士粉、奶香粉，拌透至无粉粒。

4　装入套有牙嘴的裱花袋内，挤入烤盘，大小均匀。

5　在饼坯中间挤上草莓果酱作为装饰。

6　入炉，以160℃烤约25分钟，至完全熟透，出炉，冷却即可。

# 椰子薄饼

- 原料　全蛋88克，椰蓉150克，椰子香粉0.5克
- 调料　砂糖100克

1

把全蛋、砂糖倒在一起，中速打至砂糖完全溶化呈泡沫状。

2

加入椰蓉、椰子香粉搅拌均匀。

3

填入铺在高温布上的胶模孔中，用抹刀粘蛋清、椰蓉抹匀。

4

利用抹刀在饼坯表面压出菠萝格状。

5

取出胶模，入炉，以150℃的炉温烘烤。

6

烤约20分钟，至完全熟透，出炉，冷却即可。

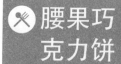

# 腰果巧克力饼

●原料 奶油125克，糖粉67克，全蛋液67克，低筋面粉100克，可可粉8克，腰果仁适量

把奶油、糖粉混合，拌匀至奶白色。

分次加入全蛋液，拌透。

加入低筋面粉、可可粉，完全拌匀至无粉粒。

装入套有牙嘴的裱花袋内，在烤盘内挤出形状，大小均匀。

表面放上腰果仁装饰。

放入烤箱烘烤约25分钟，至完全熟透，端出冷却即可。

**黑米冰花饼**

●原料 奶油125克，糖浆110克，全蛋液50克，低筋面粉170克，黑米粉50克，泡打粉3克

●调料 砂糖适量

**1** 把奶油、糖浆混合拌匀。

**2** 分次加入全蛋液，拌至完全透彻。

**3** 加入低筋面粉、黑米粉、泡打粉，搅拌成面团。

**4** 将面团用手搓成圆球状，然后粘上砂糖成饼坯。

**5** 将饼坯放于耐高温纸上。

**6** 入烤箱烘烤约30分钟，完全熟透即可。

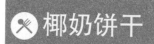
## 椰奶饼干

●原料 奶油110克，糖粉60克，椰浆30克，杏仁粉30克，低筋面粉100克，椰蓉20克

**1** 将奶油、糖粉混合拌至均匀。

**2** 分次加入椰浆拌至完全透彻。

**3** 加入低筋面粉、杏仁粉、椰蓉，拌匀后成饼干面团。

**4** 将面团装入已套牙嘴的裱花袋内，在烤盘内挤出形状。

**5** 入炉以150℃烘烤。

**6** 约30分钟烤至熟透后，出炉凉凉即可。

## 杏仁薄饼

● 原料　蛋清125克，低筋面粉50克，杏仁片125克
● 调料　砂糖90克，食盐1克，奶油35克

把蛋清、砂糖、食盐倒在一起中速打至砂糖完全溶化。

加入低筋面粉、杏仁片拌至无粉粒。

加入融化的奶油，完全拌匀。

用勺子舀到高温布上面，大小均匀。

入炉以140℃的炉温烘烤。

烤约20分钟，至完全熟透，出炉冷却即可。

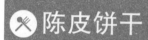

## 陈皮饼干

●原料 奶油100克，糖粉50克，鲜奶30克，低筋面粉150克，奶粉20克，陈皮碎20克

**1** 把奶油、糖粉混合打至奶白色，加鲜奶拌匀。

**2** 加入低筋面粉、奶粉、陈皮碎拌匀。

**3** 取出搓成条状。

**4** 压扁，擀成长方形的薄面片。

**5** 用印模压出形状。

**6** 排入垫有高温布的钢丝网上。

**7** 入炉，以150℃的炉温烘烤。

**8** 烤至完全熟透，出炉，冷却即可。

## 🍴 乌梅饼干

●原料　奶油120克，糖粉90克，全蛋液25克，低筋面粉175克，杏仁粉35克，乌梅碎85克
●调料　盐2克

**1** 把奶油、糖粉、盐拌匀，打至奶白色。

**2** 分次加入全蛋液，拌透。

**3** 加入低筋面粉、杏仁粉、乌梅碎拌匀。

**4** 取出放在案台上，搓揉成光滑的面团。

**5** 擀成厚薄均匀的面片。

**6** 用印模压出形状。

**7** 摆在垫有高温布的钢丝网上，入烤箱烘烤。

**8** 烤约25分钟，至完全熟透，出炉，冷却即可。

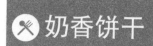

## 奶香饼干

●原料 奶油90克，糖粉100克，蛋清70克，低筋面粉90克，奶粉40克，奶香粉1克

**1** 把奶油、糖粉混合，先慢后快，打至奶白色。

**2** 加入蛋清、低筋面粉、奶粉、奶香粉拌透至无粉粒。

**3** 将面糊倒在已铺上胶模的高温布上。

**4** 利用抹刀填满模孔，做到厚薄均匀。

**5** 取走胶模，入炉以140℃的炉温烘烤。

**6** 约烤20分钟，至完全熟透，出炉，冷却即可。

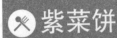

## 紫菜饼

●原料　奶油100克，糖粉50克，鲜奶30克，低筋面粉150克，奶粉20克，紫菜（切碎）30克

●调料　食盐2克，鸡精2克

1 把奶油、糖粉、食盐混合，拌匀。

2 分数次加入鲜奶，完全拌匀至无液体状。

3 加入低筋面粉、奶粉、紫菜碎、鸡精拌匀。

4 取出，搓成面团。

5 擀成厚薄均匀的面片，切成长方形饼坯。

6 排入垫有高温布的钢丝网上。

7 入炉，以160℃的炉温烘烤。

8 烤约20分钟，完全熟透即可。

## 巧克力夹心饼

● 原料　奶油63克，糖粉50克，液态酥油45克，清水45克，低筋面粉175克，可可粉15克，巧克力酱适量

1　将奶油、糖粉混合拌均匀。

2　分次加入液态酥油、清水搅拌透彻。

3　加入低筋面粉、可可粉拌匀成面团。

4　将面团装入裱花袋，挤在耐高温纸上。

5　入炉以150℃烘烤。

6　烤约30分钟熟透后即可出炉。

7　饼干凉凉后，在底部挤上巧克力酱。

8　用另一块饼干夹起，即成巧克力夹心饼干。

## 🍴 淑女饼

●皮料 奶油110克，糖粉120克，蛋清85克，低筋面粉200克，奶粉20克，杏仁粉40克

●馅料 杏仁片45克，清水15克，葡萄糖浆30克，砂糖30克

1. 把奶油、糖粉混合，打至奶白色。

2. 分次加入蛋清，搅拌均匀。

3. 加入低筋面粉、奶粉、杏仁粉拌匀。

4. 装入裱花袋内，挤在高温布上。

5. 把清水、砂糖、葡萄糖浆倒入容器内。

6. 边加热边搅拌，加入杏仁片，完全拌匀。

7. 用勺子将馅料放入步骤4中做出的饼坯内。

8. 入烤箱烤约25分钟，完全熟透即可。

## 乡村乳酪饼

●原料 低筋面粉125克，泡打粉5克，肉桂粉少许，无盐奶油10克，奶油乳酪100克，牛奶10克，蛋黄1个
●调料 盐1.5克

1 将奶油乳酪和无盐奶油拌匀。

2 再加入牛奶拌匀。

3 加入低筋面粉、泡打粉、盐和肉桂粉拌匀。

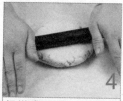

4 揉搓成面团，擀成1厘米左右厚的面饼。

5 将面饼用梅花形状模具印出形状。

6 将蛋黄拌匀，加少许牛奶打发，扫在饼皮上。

7 将饼放入烤箱约烤20分钟至金黄色。

8 取出，冷却即可食用。

## 🍴 花生小点

● 原料　蛋清100克，低筋面粉80克，花生粉30克，可可粉8克，花生碎适量
● 调料　砂糖100克，色拉油20克，食盐1克

1
倒入蛋清、砂糖、食盐打至砂糖溶化。

2
加入低筋面粉、花生粉、可可粉拌匀。

3
分次加入色拉油，完全搅拌均匀。

4
倒入垫有高温布的胶模表面。

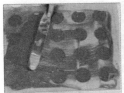
5
用抹刀填满模孔，使其厚薄均匀。

6
取走胶模，在表面均匀地撒上花生碎。

7
双手提起高温布，把多余的花生碎倒掉。

8
入烤箱烘烤约20分钟，完全熟透即可。

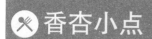

# 香杏小点

●原料 奶油80克，糖粉75克，全蛋液38克，低筋面粉145克，可可粉18克，杏仁片75克

**1** 把奶油、糖粉倒在一起，先慢后快，打至奶白色。

**2** 分次加入全蛋液拌匀。

**3** 加入低筋面粉、可可粉，拌至无粉粒。

**4** 加入杏仁片，搅拌均匀。

**5** 用汤勺挖成大小均匀的团，放到备好的高温布上。

**6** 入烤箱烤约30分钟，完全熟透后出炉冷却，脱模即可。

## 芝麻花生球

● 原料　蛋清45克，花生碎65克，黑芝麻14克，椰蓉106克
● 调料　砂糖50克，食盐1克

**1**　把蛋清、砂糖、食盐倒在一起，充分搅拌至砂糖完全溶化。

**2**　加入花生碎、椰蓉拌匀。

**3**　加入烤香的黑芝麻拌匀。

**4**　用手搓成大小均匀的圆球，排在高温布上。

**5**　移到钢丝网上，入炉，以130℃的炉温烘烤。

**6**　约烤20分钟，完全熟透后出炉即可。

# 金手指

●原料　奶油170克，糖粉110克，全蛋液65克，低筋面粉170克，高筋面粉70克，吉士粉15克
●调料　食盐3克

把奶油、糖粉、食盐倒在一起，先慢后快，打至奶白色。

分次加入全蛋液拌匀成无液体状。

加入低筋面粉、高筋面粉、吉士粉，拌至无粉粒。

装入已装了圆嘴的裱花袋内，挤入烤盘。

入炉以150℃的炉温烘烤。

烤约25分钟，完全熟透后出炉，冷却，脱模即可。